新型职业农民培育系列教材

农业机械维修员

李永辉　刘红立　王有臣　主编

中国农业科学技术出版社

图书在版编目（CIP）数据

农业机械维修员 / 李永辉，刘红立，王有臣主编 .—北京：中国农业科学技术出版社，2017.9

ISBN 978-7-5116-3263-0

Ⅰ.①农… Ⅱ.①李…②刘…③王… Ⅲ.①农业机械-机械维修 Ⅳ.①S232.8

中国版本图书馆 CIP 数据核字（2017）第 230925 号

责任编辑 崔改泵
责任校对 贾海霞

出 版 者 中国农业科学技术出版社
北京市中关村南大街 12 号 邮编：100081
电 话 (010)82106638(编辑室) (010)82109702(发行部)
(010)82109709(读者服务部)
传 真 (010)82106650
网 址 http://www.castp.cn
经 销 者 各地新华书店
印 刷 者 北京富泰印刷有限责任公司
开 本 850mm×1 168mm 1/32
印 张 6
字 数 156 千字
版 次 2017 年 9 月第 1 版 2017 年 9 月第 1 次印刷
定 价 32.00 元

《农业机械维修员》

编 委 会

主　编：李永辉　刘红立　王有臣

副主编：王秀芬　戴颖秋　郭栋梁

张　英　白姗姗

编　委：杨文成　王清社

前　　言

农业生产的发展，使农业机械得以普遍使用，机械故障率也随之提高。目前我国农业机械维修人员的管理体制尚不完善。为了保证农业生产有序进行，保持农业机械良好的运行，减少故障率，必须建设一支高水平、高效率的农业机械维修员队伍。

本书主要包括基本技能和素质要求、拖拉机的使用技术、联合收获机使用技术、田间作业机械使用技术、农业机械修理技术、农业机械零件鉴定与修复、农业机械化新技术等内容。

本书语言通俗易懂、内容丰富，对农业机械维修等进行了系统的阐述，适合广大农业机械维修员使用。

由于编者水平有限，书中缺点、错误在所难免，敬请读者批评指正。

编　者

2017 年 7 月

目　　录

第一章　基本技能和素质要求

第一节　职业道德

一、农机驾驶操作人员职业道德

职业道德，是指在驾驶操作农业机械的职业范围内形成比较稳定的道德观念和行为规范的总和。农机驾驶操作人员职业道德中最基本的内容如下。

（1）驾驶操作人员应以高度民主负责的精神安全驾驶操作农业机械。

（2）驾驶操作农业机械应当以安全为先。

（3）爱护机械和保护改善作业环境。

（4）维护驾驶操作人员的职业荣誉等。

二、农机维修工的职业守则

（1）遵纪守法，爱岗敬业。

（2）诚实守信，公平竞争。

（3）文明待客，优质服务。

（4）遵守规程，保证质量。

（5）安全生产，注重环保。

三、农机操作工的职业守则

（1）遵纪守法，安全生产。

（2）钻研技术，规范操作。

（3）诚实守信，优质服务。

第二节　法律常识

农机法规内容包括党和国家安全生产的方针、政策，国家公布的农机安全生产法规、规章，安全操作规程和技术标准等，还有各省（区、市）制定的地方性法规、规章、规范性文件。主要包括《中华人民共和国农业机械化促进法》《农用拖拉机及驾驶员安全监理规定》《农业机械安全监督管理条例》等。

一、中华人民共和国农业机械化促进法

目前我国农业机械产品的质量问题较多，影响了机械作业的效率和质量，严重制约了农业机械化的发展。本法对此作了有针对性的规定：国家加强农业机械化标准体系建设；农业机械质量不合格的，农业机械生产者、销售者应负责修理、更换、退货，给使用者造成农业生产损失或者其他损失的，应依法赔偿；因农业机械存在缺陷造成人身伤害、财产损失的，农业机械生产者、销售者应当依法赔偿；禁止利用残次零配件和报废机具的部件拼装农业机械产品等。

农业机械服务组织可以根据农民的需要，提供培训、维修、信息等社会化服务；国家设立的基层农业机械技术推广机构应当为农民和农业生产经营组织无偿提供公益性农业技术推广、培训等服务。

第三章质量保障第十一条国家加强农业机械化标准体系建设，制定和完善农业机械产品质量、维修质量和作业质量等标准。对农业机械产品涉及人身安全、农产品质量安全和环境保护的技术要求，应当按照有关法律、行政法规的规定制定强制执行的技术规范。第十二条产品质量监督部门应当依法组织对农业机械化产品质量的监督抽查。工商行政管理部门应当依法加强对农业机械产品市场的监督管理工作。国务院农业行政主管部门和省级人民政府主管农业机械化工作的部门根据农业机械使用者的投诉情况和农业生产的实际需要，可以组织对在用的特定种类农业机械产品的适用性、安全性、可靠性和售后服务状况进行调查，并公布调查结果。第十三条农业机械生产者、销售者应当对其生产、销售的农业机械产品质量负责，并按照

国家有关规定承担零配件供应和培训等售后服务责任。农业机械生产者应当按照国家标准、行业标准和保障人身安全的要求，在其生产的农业机械产品上设置必要的安全防护装置、警示标志和中文警示说明。第十四条农业机械产品不符合质量要求的，农业机械生产者、销售者应当负责修理、更换、退货；给农业机械使用者造成农业生产损失或者其他损失的，应当依法赔偿损失。农业机械使用者有权要求农业机械销售者先予赔偿。农业机械销售者赔偿后，属于农业机械生产者的责任的，农业机械销售者有权向农业机械生产者追偿。因农业机械存在缺陷造成人身伤害、财产损失的，农业机械生产者、销售者应当依法赔偿损失。第十五条列入依法必须经过认证的产品目录的农业机械产品，未经认证并标注认证标志，禁止出厂、销售和进口。禁止生产、销售不符合国家技术规范强制性要求的农业机械产品。禁止利用残次零配件和报废机具的部件拼装农业机械产品。第二十四条从事农业机械维修，应当具备与维修业务相适应的仪器、设备和具有农业机械维修职业技能的技术人员，保证维修质量。维修质量不合格的，维修者应当免费重新修理；造成人身伤害或者财产损失的，维修者应当依法承担赔偿责任。第二十五条农业机械生产者、经营者、维修者可以依照法律、行政法规的规定，自愿成立行业协会，实行行业自律，为会员提供服务，维护会员的合法权益。

第七章法律责任第三十条违反本法第十五条规定的，依照产品质量法的有关规定予以处罚；构成犯罪的，依法追究刑事责任。第三十三条国务院农业行政主管部门和县级以上地方人民政府主管农业机械化工作的部门违反本法规定，强制或者变相强制农业机械生产者、销售者对其生产、销售的农业机械产品进行鉴定的由上级主管机关或者监察机关责令限期改正，并对直接负责的主管人员和其他直接责任人员给予行政处分。

二、道路安全法

（一）交通安全法规

交通安全法规是道路利用者在交通中必须遵守的法律、法令、规则、细则和条例的总称。交通法规的目的是防止在道路上出现危险与障碍，达到交通安全与畅通。交通法规的内容包括行人和车辆的交通方法、驾驶人员及车辆所有者的义务、道路使用与管理、交通监理以及道路交通违章和事故处理规则等。

与拖拉机驾驶员关系最密切、最直接的交通法规是《中华人民共和国道路交通管理条例》。作为机动车驾驶员，必须了解《道路交通管理条例》的性质、作用和基本原则，熟知其各项要求和内容，严格遵守《道路交通管理条例》的各项规定。

（二）农机安全监理规章

为了加强对农用拖拉机及驾驶员的安全监督管理，充分发挥农业机械在农业生产和农村经济发展中的作用，保障人民生命财产安全，农业部制定了《农用拖拉机及驾驶员安全监理规定》，各省、市、自治区也都颁布了相应的条例或规定，对拖拉机和驾驶员管理、违章处罚及事故处理都作了明确规定，并且制定了农业机械安全操作规程，作为拖拉机驾驶员，应严格遵守各项规定，确保安全生产。

《道路交通安全法》实施后，三轮汽车（原三轮农用运输车）和低速货车（原四轮农用运输车）登记、领取号牌、行驶证、安全技术检验，其驾驶人员申请驾驶证及其定期审验，都划归公安机关交通管理部门管理。

同时，对上路行驶的拖拉机、联合收割机以及其他自走式农业机械进行交通安全管理，例如，这些农机在道路行驶过程中的违章、发生交通事故等都由公安机关交通管理部门统一处理，农业（农业机械）主管部门无权上路对农机进行检查、处罚，以前出现的农业（农业机械）主管部门围追堵截、上路查处的现象不应该再出现。

三、劳动法

（一）概述

劳动法是调整劳动关系以及与劳动关系密切相关的社会关系的法律规范的总称。所谓的劳动关系就是劳动者与用人单位之间的关系。与劳动关系密切相关的社会关系主要有劳动管理关系、劳动保险关系、劳动争议关系、劳动监督关系等。

劳动法的基本原则是指调整劳动关系和与劳动关系密切相关的其他社会关系时必须遵循的基本准则。

1. 保护劳动者合法权益的原则

劳动法的基本任务就是要通过各种法律的手段和措施，有效地保证劳动者的合法权益得到实现。劳动者在劳动方面的合法权益主要有劳动者享有平等就业和选择职业的权利；取得劳动报酬的权利；休息休假的权利；获得劳动安全卫生保护的权利；接受职业技能培训的权利；享受社会保险和福利的权利；依法参加和组织工会的权利；提请劳动争议处理的权利；依法参加企业民主管理的权利。

劳动法保障劳动者享受充分的劳动权益，同时也要求劳动者履行必须的劳动义务。根据规定，劳动者应当完成劳动任务，提高职业技能，执行劳动安全卫生规程，遵守劳动纪律和职业道德，保守用人单位的商业秘密。

2. 按劳分配原则

按劳分配原则是我国进行社会财富分配的主要方式，是我国经济制度的重要内容，它主要体现在三个方面：一是劳动者按照劳动的数量和质量获得劳动报酬；二是劳动者不分性别、年龄、种族而对等量劳动取得等量报酬；三是劳动用工者应当在发展生产基础上不断提高劳动者的劳动报酬，改善劳动者的物质和文化生活。

3. 促进生产力发展的原则

劳动法的作用就在于建立市场经济条件下的劳动力市场，

建立和健全保护劳动者合法权益的法律机制，合理配置劳动力资源，使每一个劳动者都能在适合自己的岗位上发挥其才能，充分调动劳动者的积极性和创造性，提高劳动生产率，促进生产力发展。

（二）劳动合同

1. *劳动合同的概念*

劳动合同是劳动者与用人单位确立劳动合同关系，明确双方权利和义务的协议。也可以说，劳动合同是建立劳动关系的凭证，是确立劳动关系的法律形式，是调整劳动关系的手段，也是处理劳动争议的重要依据。

2. *劳动合同的种类*

（1）定期劳动合同。定期劳动合同是有固定期限的劳动合同，指劳动合同双方当事人在合同中明确规定了合同的起止时间的劳动合同。劳动合同期满效力即告终止，经双方当事人协商同意，可续订劳动合同。

（2）不定期劳动合同。不定期劳动合同是劳动合同双方当事人在合同中不规定合同终止日期的劳动合同，只要不出现法律、法规规定或双方约定的可以变更、解除劳动合同的情况，劳动关系可以在劳动者的法定劳动年龄和企业的存在期限内无限期存续。

（3）以完成一定工作为期限的劳动合同。以完成一定工作为期限的劳动合同是指劳动合同双方当事人在合同中约定将完成某项工作作为合同起止日期的劳动合同。这种合同不具体规定合同的起止时间，合同约定的工作完成以后，该合同自然终止。

3. *劳动合同的订立原则*

劳动合同的订立原则是指用人单位和劳动者订立劳动合同所应遵守的基本行为准则，包括平等、自愿和协商一致的原则，遵守国家政策和法律的原则。

4. 劳动合同的主要内容

劳动合同的内容是指合同当事人双方的权利和义务，它通过合同条款表现出来。劳动合同包括必备条款和协定条款，必备条款又称为法定条款，是劳动法律、法规规定的劳动合同必须具备的条款。它包括合同期限；工作内容；劳动保护和劳动条件；劳动报酬；劳动纪律；合同终止的条件；违约责任等。劳动合同的协定条款是当事人经协商约定的劳动合同的有关条款。

5. 劳动者违反劳动法的法律责任

（1）劳动者违反规定的条件解除劳动合同，或者在没有解除原用人单位的劳动合同，又同其他单位订立劳动合同，给原用人单位造成损失的，应承担赔偿责任。

（2）劳动者违反劳动合同中约定的保密事项，给用人单位造成损失的，应当依法承担赔偿责任。

四、合同法

（一）订立合同应遵循的法规、原则

（1）必须遵守法律和行政法规。任何单位和个人不得利用合同进行违法活动，扰乱社会经济秩序，损害国家和社会公共利益。

（2）应遵循平等互利、协商一致的原则。任何一方不得把自己的意志强加给对方，任何单位和个人不得非法干预。

依法成立的合同具有法律约束力，当事人必须全面履行合同规定的义务，任何一方不得擅自变更和解除合同。

（二）无效合同下列合同为无效

（1）违反法律和行政法规的合同。

（2）采取欺诈、胁迫等手段签订的合同。

（3）恶意串通，损害国家、集体或者第三者利益的合同。

（4）损害社会公共利益的合同。

（5）以合法形式掩盖非法目的的合同。

（三）合同法适用范围

买卖，建设工程，承揽，运输，供用电、水、气、热力，仓储，保管，租赁，借款，技术，融资，赠与，委托，经纪等合同，必须遵守本法的规定。

（四）合同的主要条款

（1）当事人名称或者姓名和住所。

（2）标的。

（3）数量。

（4）质量。

（5）价款或者报酬。

（6）履行的期限、地点和方式。

（7）违约责任。

（8）解决争议的方法。

（五）合同的履行

（1）当事人应当按照约定全面履行自己的义务。

（2）执行政府定价或者政府指导价的，在合同约定的交付期限内政府价格调整时，按照交付时的价格计价。逾期交付标的物的，遇价格上涨时，按照原价格执行；价格下降时，按照新价格执行。逾期提取标的物或者逾期付款的，遇价格上涨时，按照新价格执行；价格下降时，按照原价格执行。

（3）应当先履行债务的当事人，有确切证据证明对方有下列情形之一的，可以中止履行。

①经营状况严重恶化。

②转移财产、抽逃资金，以逃避债务。

③丧失商业信誉。

④有丧失或者可能丧失履行债务能力的其他情形。

（4）合同生效后，当事人不得因姓名、名称的变更或者法定代表人、负责人、承办人的变动而不履行合同义务。

（六）合同的变更和解除

（1）当事人双方经协商同意，可以变更和解除合同。

（2）由于不可抗力致使不能实现合同目的时，可以解除合同。

（3）在履行期限届满之前，当事人一方明确表示或者以自己的行为表明不履行主要债务，另一方可以解除合同。

（4）当事人一方迟延履行主要债务，经催告后在合理期限内仍未履行，另一方可以解除合同。

（5）当事人一方迟延履行债务或者有其他违约行为致使不能实现合同目的时，另一方可以解除合同。

（6）法律规定的其他可以变更和解除合同的情形。

合同法还规定了违约责任、调解和仲裁，以及分则的详细内容。

第三节　安全知识

一、农机事故常见外伤及急救措施

交通事故、农机事故常见的外伤有车祸伤、颅脑外伤、脊柱伤和脊髓伤、胸部外伤、腹部外伤、四肢骨折。

（一）车祸伤

1. 车祸伤的特点

随着现代工农业、交通运输业的迅速发展，由交通事故、农机事故引起的死亡和病残发生率日趋增加。车祸伤是指交通事故、农机事故引起的人体损伤，它具有以下特点。

（1）伤残者大都为有劳动能力的青壮年。

（2）车祸伤常常是一种多发性的损伤，损伤涉及多部位、多脏器，病情重、变化快。往往在一次车祸中，一个伤员可以有单独的某一部位或脏器的损伤，也可以同时有颅脑、胸、腹、脊柱和四肢的外伤。

（3）由于车祸伤涉及人体多部位、多脏器，急救人员或医务人员有时会被显性的大出血或严重的错位骨折畸形所吸引，因此，很容易遗漏一些症状和不明显的体征，但却常常是严重威胁生命的损伤的诊断，如内脏破裂出血等。

（4）车祸伤的治疗有时会遇到不同部位的损伤，有不同的治疗要求，造成治疗方案相互抵触，从而造成顾此失彼。

（5）车祸伤并发症多，死亡率高。最常见的并发症有休克、感染和多脏器衰竭等，死亡率高。

2. 车祸伤的急救与处理

车祸伤的处理复杂，变化多，处理必须按不同的具体情况进行。车祸伤的现场急救处理相当关键，处理及时、正确、有效，就可减少伤残及死亡。因此，车祸伤的救治工作实际上在现场即已开始。现场急救的主要目的是去除正在威胁伤员生命安全的各种因素，并使伤员能耐受运送的“创伤”负担。

（1）伤口的止血、包扎、骨折固定和伤员的运送。

（2）抗休克。大量失血后，应及时补充有效循环血量，这是抢救成功的关键。有条件时，一面紧急处理创面，控制出血，一面立即快速补充血容量，以争取最短时间内使伤员得到处理。

（3）保持呼吸道通畅。窒息是严重多发伤最引人注目的紧急症状，如不及时处理，会迅速致死。呼吸困难的伤员，应及时清除呼吸道梗阻物（血块、脱落牙齿、呕吐食物等）或采取仰头举颏姿势，保持呼吸道通畅，亦可插入口咽通气管，必要时可做气管切开。

（4）胸部损伤的处理。胸部损伤伴有呼吸困难时，常提示有多发肋骨骨折、血胸、气胸、肺挫伤等。此时，应及时作胸腔穿刺排气、抽液或放置引流管，必要时做开胸手术。伤员胸部出现反常呼吸时，应用厚棉垫压住“浮动”的胸壁处，用胸带或胶布固定。

（5）颅脑损伤的处理。为预防和治疗脑水肿，可采用高渗葡萄糖或甘露醇进行脱水治疗，并适当限制输入液量，如一旦明确有颅内血肿，应及时采取手术治疗。

（6）腹部外伤的处理。腹部外伤在现场往往无明显的症状与体征。因此对腹部外伤的伤员，必须不断地进行症状与体征的随访，一旦明确或怀疑内脏破裂出血或穿孔，即应早期剖腹探查。

（7）颈、脊髓损伤的处理。高位脊髓损伤会累及呼吸肌功能，虽然呼吸道通畅，伤员仍有口唇及肢端的紫钳，胸壁运动微弱或消失，此时应及时做气管插管行人工呼吸或气管切开。

（8）骨折的处理。多发伤中90%以上合并有骨折，其中半数以上合并有2处以上骨折。尽早固定四股长骨骨折来解除伤员疼痛，控制休克，防止闭合性骨折变为开放性骨折，及防止神经、血管的损伤。

3. 车祸伤急救注意事项

（1）现场抢救工作应突出“急”字，威胁生命的窒息，创面大出血，胸部反常呼吸等应优先处理。

（2）四肢外伤后出血，止血带止血效果明显，但在现场急救中必须严格掌握使用指征，不合理或不正确使用会使出血控制不满意，甚至会加重出血。一般在现场急救中，伤口加压包扎均能得到满意的止血效果。但在伤员运送中，如路途远，伤口出血量大，可使用止血带止血。

（3）切忌在伤员全身状况极差时，未经初步纠正而仓促运送医院。

（4）避免现场慌乱而造成骨折未作固定或固定无效即行运送。

（5）在运送意识障碍的伤员时，应保证呼吸道通畅，仰头举颏，清除呼吸道异物，头侧向一方或侧卧，防止呕吐物误吸。

（二）颅脑外伤

颅脑外伤是一种严重的外伤，因颅脑损伤致死者，居各部位创伤之首。

无论何种原因造成颅脑外伤，均称为颅脑外伤。它可以造成头部软组织、颅骨、脑膜、血管、脑组织以及颅神经等损伤。

1. 颅脑外伤的急救与处理

（1）伤口的止血包扎。一般头皮出血经加压包扎均可止血，有时虽经加压包扎仍不易止血，此时必须找到出血点，用血管钳钳夹后才能止血。

（2）脱水治疗。重症颅脑外伤必然继发急性脑水肿，尤其在颅内出血时，会加重脑水肿，脱水治疗是有效的对症治疗。在伴有血容量不足的病人，必须在补足血容量的同时进行脱水治疗。高渗葡萄糖、甘露醇、速尿、激素、尼莫地平等药物均可用于防治脑水肿。

2. 颅脑外伤急救注意事项

（1）在开放性颅脑外伤伤口内见到脑组织时，须用碗等容器，罩盖于伤口再行包扎，以免造成脑组织进一步损伤。

（2）颅底骨折见有鼻孔、外耳道流血或脑脊液流出时，切忌用纱布或棉花进行填塞。

（三）脊柱伤和脊髓伤

脊柱伤和脊髓伤是一种严重的外伤，有时常合并颅脑、胸、腹和四肢的损伤，伤情严重而复杂。

1. 脊柱伤和脊髓伤的急救与处理

脊柱损伤是一种严重的创伤，救治工作始于事故现场，而现场救治的关键是保护脊髓免受进一步损伤，因此，须及时发现和迅速处理危及生命的合并症和并发症。

（1）在现场迅速检查和明确诊断，包括脊柱伤、脊髓伤和合并伤。

（2）开放性脊柱、脊髓伤，应迅速包扎及伤口止血，尽量减少失血和污染，并尽快转送进行清创术。

2. 脊柱伤和脊髓伤急救注意事项

（1）脊柱骨折病人的正确搬运。正确搬运脊柱骨折病人十分重要。保持伤员脊柱的相对平直，不可随意屈伸脊柱。搬运工具应配有平直木板或其他硬物板的担架，不能用软担架。搬运脊柱损伤伤员时，要绝对禁止 1 人背或 2 人抬送，以免造成或加重脊柱畸形和神经损伤。

（2）疑有脊柱骨折的伤员处理。不可让病员活动脊柱来证实脊柱骨折，这样容易引起或加重脊髓损伤。

（四）胸部外伤

胸部外伤是一种较为严重的外伤，由于病情变化发展快，呼吸循环功能影响明显，不及时、正确、有效地处理，常危及生命。近年来道路交通事故造成胸部外伤的发生率明显增高。

胸部外伤是指胸部皮肤、软组织、骨骼、胸膜、胸内脏器及大血管的损伤。

1. 胸部外伤的急救与处理

（1）给氧、确保呼吸道通畅，以防窒息，及时清除呼吸道分泌物及异物，必要时做气管插管或气管切开。

（2）对伤口做止血包扎，有条件的做彻底清创术。

（3）止痛。可用杜冷丁、吗啡类药物止痛或做肋间神经阻滞，但在全身伤情未查清之前，不能随便使用止痛剂，否则会延误病情。

（4）如呼吸困难是由出血、气胸引起的，需及时做胸腔穿刺、排气、排液或置胸腔引流管排气、排液。

（5）开放性气胸需立即封闭胸壁开放伤口。

2. 胸部外伤急救注意事项

（1）优先处理严重威胁生命的张力性气胸、颅内血肿及腹内大出血等紧急情况。

（2）不能为了明确诊断，在伤员全身情况尚未得到改善或仍处在不稳定情况下时，做各种检查，使伤员来回往返，从而丧失了有效的抢救时间，加速伤员死亡。

（3）在胸部利器刺伤时，部分利器尚露在体表外，在现场急救时不能轻易拔出利器，否则有可能造成大出血，而在运送途中丧命。

（五）四肢骨折

骨的连续性中断为骨折。按病因分有外伤性骨折和病理性骨折，这里只说外伤性骨折。

外伤性骨折系外力作用在肢体上造成的骨折。

直接暴力：外伤暴力直接打击在骨折部位。

间接暴力：骨折部位不在暴力打击处，而是通过杠杆作用传导致骨折处。如跌倒时手撑地引起肱骨骨折。

撕脱暴力：在直接、间接暴力协同作用下引起的骨折。如突然改变体位与肌肉强烈收缩等造成肌肉和韧带附着处较小骨片的撕脱。

1. 四肢骨折的急救与处理

（1）首先处理危及生命的紧急情况，如窒息、大出血、开放性气胸及休克等，待伤员全身情况平稳后，再行骨折的处理。

（2）多发伤伴有骨折的伤员应优先处理头、胸、腹等重要脏器的损伤。

（3）及时、正确和有效地在现场进行伤口止血、包扎、固定和转送，这是减少伤员痛苦和进一步损伤的关键。

（4）止痛、疼痛可加重休克。对剧痛的伤员可适当使用止痛剂，如吗啡、杜冷丁等。但四肢骨折伴有其他部位、其他脏器损伤或有颅脑外伤时需慎用或忌用。

（5）预防感染。抗菌素在创伤后越早使用效果越好。

（6）彻底清创。开放性骨折必须做到早期、彻底清创。

（7）骨折的后续治疗。复位、固定和功能锻炼。

2. 四肢骨折急救注意事项

（1）现场急救处理务必正确、有效，否则在运送途中容易发生出血，固定松动，增加伤员痛苦和进一步损伤。

（2）经固定的肢体，必须在其远端留出可供观察皮肤色泽的区域，以防肢体缺血造成不良后果。

二、四项急救技术

（一）出血与止血

人体受到外伤后，往往先见出血。通常按成人的血液总量占其体重的8%来计，如一个体重为50千克的人，血液总量约为4 000毫升。当失血总量达血液总量20%以上时，便会出现头晕头昏、脉搏增快、血压下降、出冷汗、皮肤苍白、尿量减少等症状。当失血总量超过血液总量的40%时，就会有生命危险。因此，止血是救护中极为重要的一项措施，实施迅速、准确、有效地止血，对抢救伤员生命具有重要意义。

1. 出血种类及判断

（1）内出血。主要从两方面来判断：一是从吐血、咯血、便血、尿血来判断胃肠、肺、肾、膀胱等有无出血；二是根据出现的症状如面色苍白、出冷汗、四肢发冷、脉搏快而弱，以及胸、腹部是否肿胀、疼痛等来判断肝、脾、胃等重要脏器有无出血。

（2）外出血。外伤所致血管破裂使血液从伤口流出体外。它可分为动脉出血、静脉出血和毛细血管出血。

区别和判断何种血管出血的方法如下。

①动脉出血：血液鲜红色，出血呈喷射状，速度快、量多。

②静脉出血：血液暗红色，出血呈涌出状或徐徐外流，速度稍缓慢、量中等。

③毛细血管出血：血液从鲜红色变为暗红色，出血从伤口向外渗出，量少。

判断伤员出血种类和出血多少，在白天和明视条件下比较容易，而夜间或视度不良的情况下就比较困难。因此，必须掌握视度不良情况下判断伤员出血的方法。凡脉搏快而弱、呼吸浅促、意识不清、皮肤凉湿、衣服浸湿范围大，提示伤员伤势严重或有较大出血。

2. 止血方法

(1) 指压止血法。用手指压迫出血的血管上部（近心端），用力压向骨方，以达到临时止血目的。这种简便、有效的紧急止血法，适用于头、面、颈部和四肢的外出血。

(2) 勒紧止血法。在伤口上部用三角巾折成带状或就便器材作勒紧止血。方法是将折成带状的三角巾绕肢一圈做垫，第二圈压在前圈上勒紧打结。如有可能，在出血伤口近心端的动脉上放一个敷料卷或纸卷做垫，再行上述方法勒紧，止血效果更可靠。

(3) 绞紧带止血法。把三角巾折成带状，在出血肢体伤口上方绕肢一圈，两端向前拉紧，打一个活结，取绞棒插在带状的扑圈内，提起绞棒绞紧，将绞紧后的棒的另一端插入活结小圈内固定。

(4) 橡皮止血带止血法。常用的止血带是一条 3 米长的橡皮管。止血方法：一手掌心向上，手背贴紧肢体，止血带一端用虎口夹住，留出 10 厘米，另一手拉紧止血带绕肢体 2 圈后，止血带由贴于肢体一手的食指、中指夹住末端，顺着肢体用力拉下，将余头穿入压住，以防滑脱。

使用止血带应掌握使用适应征，止血带止血法只适用于四肢血管出血，能用其他方法临时止血的，不轻易使用止血带。

(二) 创伤与包扎

人们在从事各种活动中，身体某些部位受到外力作用，使体表组织结构遭到破裂，破坏了皮肤的完整性，就形成了开放性伤口。平时多见创伤伤口，战时多见战伤伤口。对伤口进行急救包扎有利于保护伤口，为伤员的运送和救治打下良好的基础。

1. 包扎的目的与要求

(1) 目的是保护伤口、减少感染、压迫止血、固定敷料等，有利于伤口的早期愈合。

（2）要求。伤口封闭要严密，防止污染伤口，松紧适宜、固定牢靠，做到“四要”“五不”。四要是快、准、轻、牢。即包扎伤口动作要快；包扎时部位要准确、严密，不遗漏伤口；包扎动作要轻，不要碰撞伤口，以免增加伤员的疼痛和出血；包扎要牢靠，但不宜过紧，以免妨碍血液流动和压迫神经。“五不”是不摸、不冲、不取、不送、不上药。即不准用手和脏物触摸伤口；不准用水冲洗伤口（化学伤除外）；不准轻易取出伤口内异物；不准送回脱出体腔的内脏；不准在伤口上用消毒剂或消炎粉。

2. 包扎材料

常用的包扎材料有三角巾、绷带及就便器材，如毛巾、头巾等。

（三）骨折的固定

骨骼在人体起着支架和保护内脏器官的作用，周围伴行血管和神经。当骨骼受到外力打击发生完全或不完全断裂时，称为骨折。

1. 骨折的判断

（1）受伤部位疼痛和压痛明显，搬动时疼痛加剧。

（2）受伤部位明显肿胀，有时伤肢不能活动。

（3）受伤部位或伤肢变形，如伤肢比健肢短，明显弯曲，或手、脚转向异常方向。

（4）伤肢功能障碍，搬运时可听到嘎吱嘎吱的骨擦音。但不能为了判断有无骨折而做这种试验，以免增加伤员痛苦或导致刺伤血管、神经。

2. 骨折固定的目的

对骨折进行临时固定，可避免骨折部位加重损伤，减轻伤员痛苦，便于运送伤员。

3. 骨折固定的材料

骨折临时固定材料分为夹板和敷料两部分。夹板有铁丝夹板、木制夹板、塑料制品夹板和充气夹板；就便器材有木板、木棒、树枝、竹竿等。敷料有三角巾、棉垫、绷带、腰带和其他绳子等。

4. 骨折固定时的注意事项

骨折固定时的注意事项可归纳为：止血包扎再固定，就地取材要记牢；骨折两端各一道，上下关节固定牢；贴紧适宜要加垫，功能位置要放好。

（四）搬运伤（病）员

伤（病）员进行初步救护后，从急救现场向医疗机构转送的过程，称为搬运。

1. 搬运伤员的要求

搬运前应先进行初步的急救处理；根据伤员病情灵活地选用不同的搬运工具和方法；根据伤情采取相应的搬运体位和方法；动作要轻而迅速，避免震动。尽量减少伤员痛苦，并争取在短时间内将伤员送到医疗机构进行抢救治疗。

2. 搬运方法

（1）徒手搬运。

①扶持法：救护人员站在伤员一侧，一手将伤员手拉放在自己肩部，另一手扶着伤员，同步前进。

②抱持法：救护人员将伤员抱起行进。

③背负法：救护人员将伤员背起行进。此法对胸腹部负伤者不宜采用。

④椅托式（座位）搬运法：将伤员放在椅子上，救护员甲乙 2 人，甲面向前方，两手分别抓住椅子的前腿上部，乙面向伤员双手抬起椅子靠背，2 人同步前进。

⑤双人拉车式：救护员甲乙 2 人，甲面向前方双手分别插入伤员腋下，抱入怀内；乙站在伤员前面，面向前方，两手抓住伤员膝关节下窝迅速抬起，两人呈拉车式同步前进。

⑥3 人搬运法：救护员 3 人同站伤员一侧，分别将伤员颈

部、背部、臀部、膝关节下、踝关节部位呈水平托起前进，或放入担架搬运。

⑦多人搬运法：救护员 4 人以上，每边 2 人面对面托住伤员的颈、肩、背、臀、腿部，同步向前运动。

（2）器械搬运法。适用于病情较重又不宜徒手搬运的伤病员。

①担架搬运法：先将担架展开，并放置在伤员对侧。担架员同站伤员一侧跪下右腿，双人将伤员呈水平状托起，将其轻放入担架上。伤员脚朝前、头在后，担架员同时抬起担架，肘关节略弯曲，两人同步前进。遇到坡陡时，上坡时脚放低，头抬高；下坡时，脚抬高，头部放低，尽可能保持水平。

②就便器材搬运法：在没有制式担架的情况下，因地制宜，就地采取简便地制作担架，如用椅子、门板、毯子、衣服、大衣、绳子、竹竿等。

③车辆运送：现场救护后，尽可能利用车辆运送伤员，既快又稳也省力。常用的车辆有救护车、卡车、轿车等。如果利用卡车载运伤员，最好在车厢内垫上垫子或放上担架，也可将伤员抱入护送人员身上，以减少震荡、减轻伤员痛苦和避免伤情恶化。应教育司机发扬救死扶伤精神，只要急救需要，应无条件地投入救护工作中去，并协同其他人员共同完成急救任务。

第二章　拖拉机的使用技术

拖拉机在生产制造过程中均采用新加工的各种零部件，各种零部件在加工的过程中存在着不同程度的表面粗糙度，导致相互运动的摩擦条件下降，接触面积减小，承载能力下降，短时间内配合间隙变大，润滑变差，缩短拖拉机的使用寿命。因此，对新的拖拉机在使用前必须进行磨合，以提高拖拉机的动力性和经济性，并能延长拖拉机的修理间隔。除了正确地磨合外，正确使用拖拉机也可以延长拖拉机的使用寿命。

第一节　拖拉机的基本操作

一、拖拉机的磨合

新出厂的拖拉机或经过大修的拖拉机，在使用前必须按拖拉机使用说明书规定的磨合程序进行磨合试运转；否则，将会引起零部件的严重磨损，使拖拉机的使用寿命大大缩短。

注意：所选择的产品应符合国家相关的安全规定。在拖拉机第一次起动前，要仔细阅读使用说明书，包括柴油机的安装、使用以及安全事项的相关说明。按照使用说明书的内容和要求进行磨合、使用和保养。

（一）磨合前的准备

对拖拉机进行磨合前，要完成以下准备工作。

（1）检查拖拉机外部螺栓、螺母及螺钉的拧紧力矩，若有松动应及时拧紧。

（2）在前轮毂、前驱动桥主销及水泵轴的注油嘴处加注润滑脂。

（3）检查发动机油底壳、传动系统及提升器、前驱动桥中央传动及最终传动油面，不足时按规定加注。

（4）按规定加注燃油和冷却水。

（5）检查轮胎气压是否正常。

（6）检查电气线路是否连接正常、可靠。

（7）将四轮驱动拖拉机分动箱操纵手柄置于工作挡位。

（二）磨合的内容和程序

1. 柴油机的空转磨合

按使用说明书规定顺序起动发动机。起动后，使发动机怠速运转5分钟，观察发动机运转是否正常，然后将转速逐渐提高到额定转速进行空运转。在柴油机空转磨合过程中，应仔细检查柴油机有无异常声音及其他异常现象，有无渗漏，机油压力是否稳定、正常。当发现不正常现象时，应立即停车，排除故障后重新进行磨合。柴油机空转磨合规范见表2-1。

表2-1　柴油机空转磨合规范

转速（转/分）	800~1 000	1 400~1 600	1 800~2 000	2 300
时间（分钟）	5	5	5	5

2. 动力输出轴的磨合

将发动机置于中油门位置，分别使动力输出轴处于独立及同步位置各空运转5分钟（同步磨合可结合拖拉机空驶磨合进行，或将后轮抬离地面进行），检查有无异常现象。磨合后必须使动力输出轴处于空挡位置。

3. 液压系统的磨合

起动发动机，操纵液压位调节手柄，使悬挂机构提升、下降数次，观察液压系统有无顶、卡、吸空现象及泄漏。然后挂上质量为500千克左右的重块，在发动机标定转速下操纵位调节手柄，使重块平稳下降和提升。操作次数不少于20次，并能停留在行程的任何一个位置上。

磨合时，挡位应依次由低向高，负荷由轻到重逐级进行。空负荷、轻负荷磨合时柴油机的油门为3/4开度，其余两种磨合工况柴油机的油门为全开。

4. 拖拉机的空驶磨合

拖拉机按高、中、低挡和时间进行空驶磨合（将分动箱操纵手柄放在接合位置）。在空驶磨合过程中，发动机转速控制在1 800转/分左右，同时注意下列情况。

（1）观察各仪表读数是否正常。

（2）离合器接合是否平顺，分离是否彻底。

（3）主、副变速器换挡是否轻便、灵活，有无自动脱挡现象。

（4）差速锁能否接合和分离。

（5）拖拉机的操纵性和制动性是否完好。

5. 拖拉机的负荷磨合

拖拉机的负荷磨合是带上一定负荷进行运转，负荷必须由小到大逐渐增加，速度由低到高逐挡进行。拖拉机按表2-2所列的负荷、油门开度、挡次和时间进行负荷磨合（将分动箱滑动齿轮操纵杆放在接合位置）。

表2-2　负荷磨合规范

负荷	油门开度
拖车装3 000千克重量	1/2
拖车装6 000千克重量	全开
挂犁耕深16~20厘米，耕宽120厘米以上	全开

（三）磨合后的工作

负荷磨合结束后，拖拉机应进行以下几项工作后方能转入正常使。

1. 进行清洗

（1）停车后趁热放出柴油机油底壳中的润滑油，将油底壳、机油滤网及机油滤清器清洗干净，加入新润滑油。

（2）放出冷却水，用清水清洗柴油机的冷却系统。

（3）清洗柴油滤清器（包括燃油箱中滤网）和空气滤清器。

2. 检查及调整

（1）检查前轮前束、离合器、制动踏板的自由行程，必要时进行调整。

（2）检查和拧紧各主要部件的螺栓、螺母。

（3）检查喷油嘴和气门间隙及供油提前角，必要时进行调整。

（4）检查电气系统的工作情况。

3. 进行润滑

（1）趁热放出变速器、后桥、最终传动、分动箱、前驱动桥、转向器内机油，清理放油螺塞和磁铁上的污物，然后注入适量柴油，用Ⅱ挡和倒挡各行驶 2～3 分钟，随即放净柴油并加注新的润滑油。

（2）趁热放出液压系统的工作用油，经清洗后注入新的工作用油。

（3）向各处的注油嘴加注润滑脂。

二、拖拉机的起动

起动前应对柴油机的燃油、润滑油、冷却水等项目进行检查，并确认各部件正常，油路畅通且无空气，变速杆置于空挡位置，并将熄火拉杆置于起动位置，液压系统的油箱为独立式的，应检查液压油是否加足。

（一）常温起动

先踩下离合器踏板，手油门置于中间位置，将起动开关（图 2-1）顺时针旋至第Ⅱ挡（第Ⅰ挡为电源接通）“起动”位置，待柴油机起动后立即复位到第Ⅰ挡，以接通工作电源。若 10 秒内未能起动柴油机，应间隔 1～2 分钟后再起动，若连续三次起动失败，应停止起动，检查原因。

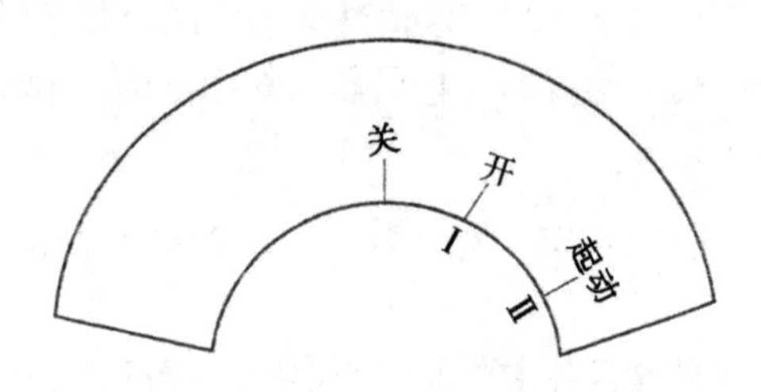

图 2-1　起动开关位置

（二）低温起动

在气温较低（-10℃以下）冷车起动时可使用预热器（有的机型装有预热器）。手油门置于中、大油门位置，将起动开关逆时针旋至“预热”位置，停留 20~30 秒再旋至“起动”位置，待柴油机起动后，起动开关立即复位，再将手油门置于怠速油门位置。

（三）严寒季节起动

按上述方法仍不能起动时，可采取以下措施。

（1）放出油底壳机油，加热至 80~90℃后加入，加热时应随时搅拌均匀，防止机油局部受热变质。

（2）在冷却系统内注入 80~90℃的热水循环放出，直至放出的水温达到 40℃时为止，然后按低温起动步骤起动。

注意：

（1）严禁在水箱缺水或不加水、柴油机油底壳缺油的情况下起动柴油机。

（2）柴油机起动后，若将油门减小而柴油机转速却急剧上升，即为飞车，应立即采取紧急措施迫使柴油机熄火。方法为用板手松开喷油泵通向喷油器高压油管上的拧紧螺母，切断油路或拔掉空气滤清器，堵住进气通道。

三、拖拉机的起步

（一）拖拉机起步

起步时应检查仪表及操纵机构是否正常，驻车制动操纵手柄是否在车辆行驶位置，并观察四周有无障碍物，切不可慌乱起步。

（二）挂农具起步

如有农具挂接的情况，应将悬挂农具提起，并使液压控制阀位于车辆行驶的状态。

（三）起步操作

放开停车锁定装置，踏下离合器踏板，将主、副变速杆平缓地拨到低挡位置，然后鸣喇叭，缓慢松开离合器踏板，同时逐渐加大油门，使拖拉机平稳起步。

注意：上下坡之前应预先选好挡位。在陡坡行驶的中途不允许换挡，更不允许滑行。

四、拖拉机的换挡

（一）拖拉机的挂挡

拖拉机在行驶的过程中，应根据路面或作业条件的变化变换挡位，以获得最佳的动力性和经济性。为了使拖拉机保持良好的工作状况，延长拖拉机离合器的使用寿命，驾驶员在换挡前必须将离合器踏板踩到底，使发动机的动力与驱动轮彻底分开，此时换入所需挡位，再缓慢松开离合器踏板。

拖拉机改变进退方向时，应在完全停车的状态下进行换挡；否则，将使变速器产生严重机械故障，甚至使变速器报废。拖拉机越过铁路、沟渠等障碍时，必须减小油门或换用低挡通过。

（二）行驶速度的选择

正确选择行驶速度，可获得最佳生产效率和经济性，并且可以延长拖拉机的使用寿命。拖拉机工作时不应经常超负荷，要使柴油机有一定的功率储备。对于田间作业速度的选择，应使柴油机处于80%左右的负荷下工作为宜。

田间作业的基本工作挡如下：犁耕时常用Ⅱ、Ⅲ、Ⅳ挡，旋耕时常用Ⅰ、Ⅱ挡或爬行Ⅵ、Ⅶ、Ⅷ挡，耙地时常用Ⅲ、Ⅳ、Ⅴ挡，播种时常用Ⅲ、Ⅳ挡，小麦收割时常用Ⅲ挡，田间道路运输时常用Ⅵ、Ⅶ、Ⅷ挡，用盘式开沟机开沟（沟的截面积为0.4平方米时）时常用爬行Ⅰ挡。

当作业中柴油机声音低沉、转速下降且冒黑烟时，应换低一挡位工作，以防止拖拉机过载；当负荷较轻而工作速度又不宜太高时，可选用高一挡小油门工作，以节省燃油。

注意：拖拉机转弯时必须降低行驶速度，严禁在高速行驶中急转弯。

五、拖拉机的转向

拖拉机转向时应适当减小油门，操纵转向盘实现转向。当在松软土地或在泥水中转向时，要采用单边制动转向，即使用转向盘转向的同时，踩下相应一侧的制动踏板。

轮式拖拉机一般采用偏转前轮式的转向方式，特点是结构简单，使用可靠，操纵方便，易于加工，且制造成本低廉，如图2-2所示。其中前轮转向方式最为普遍，前轮偏转后，在驱动力的作用下，地面对两前轮的侧向反作用力的合力构成相对于后桥中点的转向力矩，致使车辆转向。

手扶式拖拉机常采用改变两侧驱动轮驱动力矩的转向方式，切断转向一侧驱动轮的驱动力矩，利用地面对两侧驱动轮的驱动力差形成的转向力矩而实现转向，如图2-3所示。

手扶式拖拉机的转向特点是转弯半径小，操纵灵活，可在窄小的地块实现各种农田作业，特别是水田的整地作业更为方便。

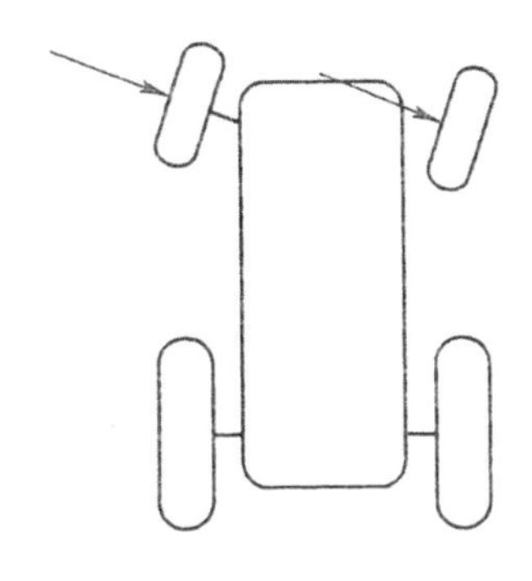

图 2-2　偏转前轮式转向

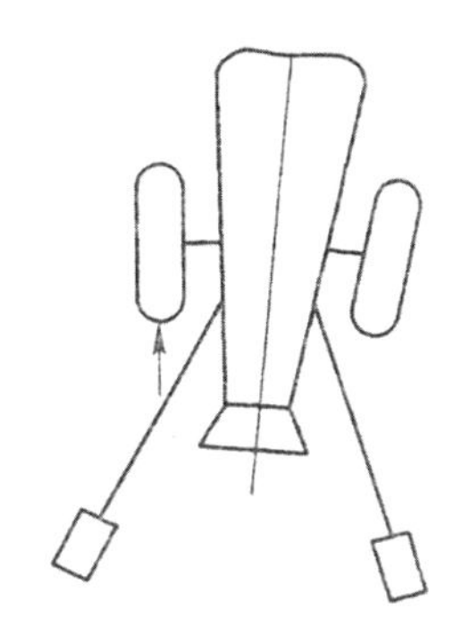

图 2-3　改变两侧驱动轮力矩

六、拖拉机的制动

制动时应先踩下离合器踏板，再踩下制动器踏板，紧急制动时应同时踩下离合器踏板和制动器踏板，不得单独踩下制动器踏板。

制动的主要作用是迫使车辆迅速减速或在短时间内停车；还可控制车辆下坡时的车速，保证车辆在坡道或平地上可靠停歇；并能协助拖拉机转向。拖拉机的安全行驶很大程度上取决于制动系统工作的可靠性，因此要求具有足够的制动力；良好的制动稳定性（前、后制动力矩分配合理，左、右轮制动一致）；操纵轻便，经久耐用，便于维修；具有挂车制动系统，挂车制动应略早于主车（当挂车与主车脱钩时，挂车能自行制动）。

七、拖拉机的倒车

拖拉机在使用中经常需要倒车，特别是拖拉机连接挂车、换用农具时都要用到拖拉机的倒车过程。上述的挂接过程中易出现人身伤亡事故，应特别引起驾驶员的注意。挂接时一定要用拖拉机的低速挡操作，要由经验丰富的驾驶员来完成。

八、拖拉机的停车

拖拉机短时间内停车可以不熄火，长时间停车应将柴油机熄火。熄火停车的步骤是：减小油门，降低拖拉机速度；踩下离合器踏板，将变速杆置于空挡位置，然后松开离合器；停稳后使柴油机低速运转一段时间，以降低水温和润滑油温度，不要在高温时熄火；将起动开关旋至“关”的位置，关闭所有电源；停放时应踩下制动器踏板，并使用停车锁定装置。

注意：冬季停放时应放净冷却水，以免冻坏缸体和水箱。

第二节　拖拉机选购的方法

我国幅员辽阔，各地的自然条件千差万别，特别是农田作业机具的选择就更显得困难一些。我国农机具的品种繁多，所适用的地区和作业条件也不尽相同，即使是同一型号的农机具，由于生产企业不同，其性能指标和适用范围也有所区别。为帮助广大农民了解和掌握农机具的选购，尤其是初次购机的用户，有必要了解和掌握一些基本知识和选购原则，以便购机时心中有数。

一、拖拉机选购的原则

在确定了所要完成的作业任务之后，选购何种型号、如何着手是每一个农机用户首先要遇到的问题。一般来说，选购拖拉机可以按下述原则进行考虑。

（一）适用性原则

拖拉机品种繁多，性能各异，购机之前首先要尽量多地收集不同拖拉机的资料，如使用说明书、宣传资料等，以便进行初步的比较。着重从以下几个方面考查。

（1）拖拉机的适用范围。适用范围包括作业对象和适用环境条件，应选取适用环境条件符合当地使用要求、能保证完成所要求的作业内容的机型。

（2）拖拉机的配套机具。选购拖拉机时，尤其要注意对配套机具进行考虑，如配套机具是否相近，挂接装置能否保证有效连接，作业速度、装机容量等是否与使用条件相当等。

（3）作业性能。拖拉机的作业性能要与当地的农艺要求相适应，不同的地区耕作习惯不同，对拖拉机的要求也不一样。此外，还有作业质量的要求。为了保证作业质量达到要求，一般选购拖拉机时，应使其性能指标略高于作业对象所要求的性能指标。这是因为拖拉机在一定的使用时间内，由于机件的磨损，其性能指标是在一定范围内变化的，特别是农田作业，受作物及田间条件的影响很大，偶然性因素很多，往往都会使拖拉机的性能指标降低。

（4）能源消耗和人力占用量。能源消耗是指工作过程中所消耗的燃料；人力占用量是指完成作业所需要的人数及劳动强度的高低。能源消耗应以完成相同的作业耗能低的为好，人力占用量应根据自己的条件考虑。

（二）经济性原则

经济性，通俗点讲就是“值不值”。一般从两方面来考虑，首先是现实效益，也就是直接效益；其次是潜在能力。购机时要着重从现实生产规模、经济条件考虑，不要片面地追求自动化程度和多功能。大多数情况下，自动化程度和功能齐全往往与拖拉机的价格和繁杂程度有密切的关系，就目前拖拉机生产水平和用户使用水平来看，拖拉机的功能越多，发生故障的机会就越大，可靠性也就越低，其作业成本也就越高。

拖拉机的潜在能力是指进一步扩大再生产的能力，从生产能力的角度看，选购拖拉机时要在满足当时生产规模要求的基础上留有一定的余地，以便进一步扩大生产规模。

（三）配套性原则

在选购新的拖拉机时，要考虑的另一个方面是准备购置的拖拉机与已有的农机具的配套性，要搭配合理，相互适应，特别要注意以下几点。

（1）生产能力要大体上一致或相容（成倍数关系），减少不必要的浪费。

（2）作业程序上要尽可能不交叉，不互相干涉。

（3）相互间的连接要恰当，以便于装卸，特别是与拖拉机配套的农田作业机具，要注意挂接方式、挂接点位置等要能满足作业要求，并且要有一定的调整范围。

（4）动力配套要留有一定的余地，动力输出部位要与农机具一致，功率大小要协调。

（四）标准化原则

标准化是指拖拉机的结构参数、动力参数及零配件的标准化、通用化程度，这一点对用户来说很重要。通用性好、标准化程度高的拖拉机，维修方便，配件易购，相对维修成本降低，有效利用时间多，经济效益高。

（五）安全性原则

安全性一般指作业安全性和人身安全性两个方面。作业安全性是拖拉机具有维持正常生产的属性，即机器的内部属性。例如，工作中防止过热现象的热保护，防止有害物质的外漏及对加工对象损坏的措施等。人身安全性主要是指避免有碍人体安全的缺陷。例如，是否有必要的安全防护措施，环境噪声、安全警示标志是否合格、齐全等。

（六）企业信誉原则

拖拉机的型号、规格确定之后，购机时还要看企业的信誉程度、实力和用户服务情况。应尽可能购买信誉高、实力强、用户服务好的企业产品，这对维护购机者自身的利益是有好处的。

（七）考虑合适的型号及功率

选购时要考虑拖拉机的用途及使用的自然条件，即购买拖拉机主要用途是什么，在什么条件下使用。这就要求知道当地作业量的多少和地形状况等。田块大、地平、作业量多时，特别是运输作业量多时，应选购功率大一些的四轮拖拉机；反之，选购手扶式或功率小些的拖拉机。

（八）考虑拖拉机的各种性能

拖拉机的性能包括动力性能、经济性能以及使用性能。在选购小型拖拉机时应考虑选择各方面性能优良的机型。动力性能好，即反映拖拉机的发动机功率足，牵引能力强，加速能力好，克服超负荷的水平高；经济性能好，即反映拖拉机的燃油消耗量少，使用、维修费用低，经济合算；使用性能好，即拖拉机操作灵活，方便可靠，安全舒适，使用中故障少，效益高，零部件的使用寿命长，能适合农户各种类型的作业，使农户增产增值。

（九）考虑两轮驱动还是四轮驱动

拖拉机的驱动形式有两轮驱动和四轮驱动两种，两轮驱动就是发动机的动力只传递给两个后轮，四轮驱动是指把驱动力传递给前、后轴四个车轮。两轮驱动是小型拖拉机应用最广泛的方式，大功率的拖拉机多为四轮驱动。两轮驱动的拖拉机具有效率高、结构紧凑的优点。四轮驱动的拖拉机具有优越的行驶稳定性和强大的通过性，适合大面积的作业，可使多种作业一次完成，具有较高的作业效率。

二、选购拖拉机的注意事项

（1）注意收集和了解各制造厂的情况，如企业的信誉、产品的质量稳定与否、售后服务如何等。

（2）注意所购机型的零配件供应是否充足，购买是否方便。

（3）注意配套农具是否齐全，性能是否可靠等。

（4）查看质量认证标志。好的农机产品大多获得国家有关技术鉴定部门颁发的合格证书和证章，如农业机械推广许可证、生产许可证和强制性产品认证标志等，这样的产品是有质量保证的，但要注意识别证章的真伪。

（5）注意查看是否有齐全的随机文件、备件。主要包括使用说明书、三包凭证（保修卡）、产品合格证、随机备件及工具等。要注意使用说明书上的型号、指标要与产品对上号，如拖拉机产品装配的发动机型号和功率等。

三、选购拖拉机时的技术检查

拖拉机出厂以后，一般到销售部门要经过运输、装卸，有时会由于挤压、碰撞而使外部零件变形或损失，也可能丢失。因此，在选购时，需经过技术检查才能购买。选购时，要从整机性能和整机质量两个方面进行衡量，具体做好以下几个方面的检查。

（一）外观质量检查

外观质量检查主要是检查整机的装配质量和外观质量。在进行小型拖拉机选购时，一是注意检查外观质量，包括覆盖件的涂漆质量和各机件的制造质量。拖拉机应外表清洁，涂层和电镀表面均匀、光亮，没有漏喷、起皮、脱落和生锈等缺陷；零部件应齐全、完整，无损伤和残缺，安装正确；各铸件的表面光滑，不得有裂缝，焊接部件的焊缝要平整、牢固；对于发动机与机体、发动机气缸盖、高压油泵和油路接头、驱动轮、机架与变速器等重要部件，要检查其连接螺栓是否齐全、可靠，不能有渗油、漏油现象。二是看各仪表及灯具是否齐全、有效。可以用打开发动机减压杆，慢慢摇动发动机的方式，查看油压表或其他机油压力指示装置有没有压力上升的显示。此外，在机架、油箱等明显位置贴有安全警示标志的小型拖拉机，可以说是有安全保障、能够让用户放心的机型。

（二）起动检查

起动检查主要是检查发动机安装质量和起动性能。在起动发动机之前，应先检查发动机机油、齿轮润滑油的油面高度以及是否有燃油及冷却水。然后用手横向和纵向扳动飞轮，应转动自如，无卡滞、明显晃动和间隙。减压后，一只手摇转起动手柄，感觉应不轻不重。快速摇动起动手柄，放开减压手柄，活塞应能越过一次压缩行程。一切正常后，再进行起动，检查发动机起动是否困难。加油后，油门供油并减压，摇动起动手柄，应听到清脆的喷油声。起动时，应能一次着火。环境温度在10℃以上，起动时间不超过1分钟。发动机运转后，机油指示浮标应当升起，排气呈浅灰色，声音清脆、无异响，突加油门后黑烟很快消失，各仪表电器工作正常。发动机空转时，各部位应无异常声响，无漏油、漏水、漏气现象。任何转速下应无游车、严重冒烟和烧机油现象。

（三）操作机构检查

操作机构检查主要是检查各操作机构有无卡碰现象，操作是否有效、可靠。扳动离合器手柄，放到“分离”位置时，分离应该彻底；在“接合”位置时，不应有打滑现象；在“制动”位置时，可在原地用人力推动轮胎转动来检查制动器是否可靠。变速杆在挂挡时应有明显的手感，不应有卡碰、挂挡困难或是挂不上挡现象，在停止状态下主变速杆只能从空挡位置挂上一个或不超过两个挡，在行进时不自动脱挡或乱挡。检查转向离合器时，挂上挡，主离合器放在接合位置，握住手柄，驱动轮可以轻便地滚动，扳开转向离合器手柄，则感到推动困难，也可以左右分别检查，握住一侧的手柄，便可向相反方向转动。

（四）起步检查

起步检查主要是检查拖拉机底盘安装质量和各部件性能。拖拉机应转向灵活，离合器分离、接合正常，换挡变速轻便，制动可靠，直线行走不跑偏。另外，还应检查轴承盖是否发热，发电照明是否良好，液压悬挂是否正常，轮胎气压是否标准。

（五）其他检查

主要是检查拖拉机的随车附件、配件和工具，以及说明书、合格证等技术资料是否齐全。选定好机型后，要对照装箱单清点使用说明书和随机物品，验证产品合格证与机型的编号是否一致，还要让销售单位或生产企业开具销售发票。销售发票不仅是用户购机付款的凭证，还是用户将来办理牌照等手续所必需的单据。一定要查验和填写三包服务卡，国家对农机产品的维修有明文规定，三包服务卡是用户购买的产品发生质量问题时向生产企业要求保修和索赔的依据。

四、核对票据

检查拖拉机与其铭牌是否相符。发动机号、车架号、产品合格证以及出厂日期等都是一台拖拉机的身份特征。核对时，一定要注意合格证上的号码要与拖拉机上的发动机号和车架号一致，从拖拉机出厂日期中了解拖拉机从产到销的大致时间，判别其是否为积压存货等。另外，车型、排量、功率、发动机类型等均要与使用说明书一致，否则可能是用高价钱买了低价货，甚至可能导致无法办理正规手续。

第三节　拖拉机机型推荐

一、履带式拖拉机机型推荐

东方红-C1002/C1202/C1302 系列拖拉机是中国一拖集团有限公司根据市场和国内外用户对中等、大功率履带式拖拉机的使用要求，针对东方红-1002/1202 系列拖拉机存在的不足而推出的农业通用型履带式拖拉机。该系列拖拉机采用了中国一拖集团有限公司与英国里卡多公司合作开发的具有国际先进水平的东方红-LR6105 系列柴油发动机。该系列发动机油耗低，起动方便；整机动力性、经济性、零部件可靠性、操纵舒适性都有较高水平；外形美观，操纵舒适，工作效率高；驾驶室具有弹性支撑，为焊接式、全密封驾驶室，可选装空调系统；驾驶座为双座位，主驾驶座为活动双扶手、高度可调、靠背可调且带头枕的弹性座位；电气设备为单线制，系统工作电压为 24 伏。

二、手扶式拖拉机机型推荐

GN-121/151 型手扶式拖拉机的性能特点是：GN-121 型手扶式拖拉机为牵引、驱动兼用型拖拉机，结构紧凑，耐用可靠，操作灵活，通过性好，并备有乘坐装备。GN-151 型手扶式拖拉机与 GN-121 型手扶式拖拉机相比，功率更大，效率更高，适用于水田、旱地以及果园、菜园和丘陵地的耕作；配上相应的农机具及附件可以进行犁耕、旋耕、旋田、开沟、播种、运输和其他作业，还可作为排灌、喷灌、脱粒、磨粉、饲料加工等固定作业的动力。

GN-121/151 型手扶式拖拉机可配套以下农机具：100-640 型防滑轮、100-640N 型防滑轮、1LS-220 型双铧犁、1LS-220Y 型圆盘犁、1LYQ-320 型驱动圆盘犁。手扶式拖拉机的主要技术参数见表 2-3。

表 2-3　手扶式拖拉机的主要技术参数

<table>
<tr><td colspan="2">手扶式拖拉机型号</td><td>GN-121</td><td>GN-151</td></tr>
<tr><td rowspan="2">结构质量（千克）</td><td>无旋耕机</td><td>350</td><td>360</td></tr>
<tr><td>含旋耕机</td><td>460</td><td>470</td></tr>
<tr><td colspan="2">使用质量（包括耕机）（千克）</td><td>503</td><td>513</td></tr>
<tr><td colspan="2">犁刀轴转速（转/分）</td><td colspan="2">199/250</td></tr>
<tr><td colspan="2">外形尺寸（毫米）（长×宽×高）</td><td colspan="2">2 680×980×1 240</td></tr>
<tr><td colspan="2">梨刀数（件）</td><td colspan="2">18</td></tr>
<tr><td colspan="2">旋耕耕幅（毫米）</td><td colspan="2">600</td></tr>
<tr><td colspan="2">手扶式拖拉机形式</td><td colspan="2">单轴、驱动牵引兼用型</td></tr>
<tr><td rowspan="2">行驶速度（千米/时）</td><td>前进</td><td colspan="2">1. 39，2. 47，4. 15，5. 14，9. 12，15. 30</td></tr>
<tr><td>后退</td><td colspan="2">1. 10，4. 10</td></tr>
<tr><td colspan="2">轮胎规格</td><td colspan="2">6. 00—12</td></tr>
</table>

（续表）

手扶式拖拉机型号	GN-121	GN-151
轮距（毫米）	810，750，690，570	
最小离地间隙（毫米）	210	
最小转弯半径（米）	1.1（不带旋耕机状态）	
发动机型号	S159N	S1100A2N
发动机形式	卧式、四冲程	
缸径×冲程（毫米）	95×115	100×115
活塞总排量（升）	0.815	0.903
压缩比	20∶1	19.5∶1
转速（转/分）	2 000	2 000
1小时功率（千瓦/小时匹）	9.07/13.2	10.50/14.30
12小时功率（千瓦/小时匹）	8.82/12	9.8/13.33
燃油消耗率（克/千瓦时）	258	
机油消耗率（克/千瓦时）	≤2.04	
冷却方式	冷凝器（散热器）	

三、轮式拖拉机机型推荐

东方红-SA500系列轮式拖拉机是中国一拖集团有限公司第二装配厂开发的产品，该系列机型有大功率拖拉机、中功率拖拉机和小功率拖拉机。特点是功率大，油耗低，牵引力大，作业挡次多（共有8+4个挡位），并装有按国际标准制造的后置动力输出轴。因此，该系列拖拉机的作业性能好、生产效率高、用途广泛，能有效进行多种田间作业（如耕地、耙地、旋耕、播种、收割、田间管理、开沟等）、固定作业（如抽水、喷灌、发电、磨面、碾米等）及运输作业等；能在小块土地上作业和在较窄的道路上行驶，既可满足平原、丘陵、牧区、菜园、果园的机械化作业要求，又能满足用户所需的功率要求。东方红-

SA500 系列轮式拖拉机的主要技术参数见表 2-4。

表 2-4　东方红-SA500 系列轮式拖拉机的主要技术参数

型号	东方红-500	东方红-504
形式	4×2（两轮驱动）	4×4（四轮驱动）
轮廓尺寸（毫米） 长×宽×高	3 882×1 715×1 650	
轴距（毫米）	1 975	2 010
前轮轮距（毫米）	1 350～1 450	1 250
后轮轮距（毫米）	1 300～1 600	1 300～1 600
最小离地间隙（毫米）	400	300
最小转向半径 （单边不制动）（米）	3. 8±0. 3	4. 2±0. 3
拖拉机结构质量（千克）	1 590	1 780
最小使用质量（千克）	1 830	1 980
额定牵引力（千牛）	10	11. 2
挡次	理论速度（千米/时）	
Ⅰ	2. 37	
Ⅱ	3. 44	
Ⅲ	5. 53	
Ⅳ	7. 23	
Ⅴ	10. 18	
Ⅵ	14. 76	
Ⅶ	22. 79	
Ⅷ	31. 06	
倒Ⅰ	3. 52	
倒Ⅱ	5. 10	
倒Ⅲ	7. 94	
倒Ⅳ	10. 72	
发动机型号	498BT 型柴油机	

（续表）

型号		东方红-500	东方红-504
发动机形式		直列、水冷、四冲程、直喷燃烧室	
标定功率/转速（千瓦，转/分）		36. 8/2 200	
标定工况燃油消耗率（克/千瓦时）		≤255. 7	
最低燃油消耗率（克/千瓦时）		≤238	
额定工况机油消耗率（克/千瓦时）		≤2. 04	
压缩比		18. 5∶1	
发动机总排量（升）		3. 17	
气缸工作顺序		1-3-4-2	
配气相位	进气门开 进气门关 排气门开 排气门关	上止点前 11° 下止点后 41° 下止点前 49° 上止点后 11°	
进气门间隙（冷态）（毫米） 排气门间隙（冷态）（毫米）		0. 3～0. 4 0. 4～0. 5	
冷却方式		强制循环水冷	
喷油泵型号		41367-85 左 1 200	
调速器形式		机械离心式全程调速器	
机油泵型式		齿轮泵	
喷油嘴喷油压力（兆帕）		20. 3～20. 8	
柴油滤清器形式、型号		旋转式 C0708	
水泵形式		离心式	

（续表）

型号	东方红-500	东方红-504
机油滤清器型号	J0810H	
空气滤清器型号	KL1526	
起动方式	电起动（不用减压）	
起动电动机功率（千瓦）	3	
电压（伏）	12	
发动机净质量（千克）	330	
（长×宽×高）（毫米）	810 ×865×828	
空气压缩机型号	TY302	
平均排量（升/分）	70	
额定压力（千帕）	686	

第四节　拖拉机技术保养的基础知识

一、拖拉机的技术保养周期和内容

拖拉机的技术保养是一项十分重要的工作。技术保养工作是计划预防性，不能认为“只要拖拉机能工作，保养不保养没有啥关系。”这种重使用、轻保养的思想是十分有害的。

为了使拖拉机正常工作并延长其使用寿命，必须严格执行技术保养规程。拖拉机技术保养规程按照累计负荷工作小时划分如下。

（1）每班（10 小时）技术保养（每班或工作 10 小时后进行）。

（2）50 小时技术保养（累计工作 50 小时后进行）。

（3）200 小时技术保养（累计工作 200 小时后进行）。

（4）400 小时技术保养（累计工作 400 小时后进行）。

（5）800 小时技术保养（累计工作 800 小时后进行）。

（6）1 600 小时技术保养（累计工作 1 600 小时后进行）。

（7）长期存放技术保养（准备停车超过 1 个月以上）。

上述各种技术保养的内容见表 2–5 至表 2–8。

表 2–5　拖拉机每班（10 小时）技术保养

序号	技术保养具体内容
1	清除拖拉机上的尘土和污泥
2	检查拖拉机外部紧固螺母和螺栓，特别是前、后轮的螺母是否松动
3	检查水箱、燃油箱、转向油箱、制动器油箱及蓄电池的液面高度，不足时添加
4	按维护、保养图加注润滑脂和润滑油
5	检查并调整主离合器踏板高度
6	检查前、后轮胎气压，不足时按规定值充气
7	检查拖拉机有无漏气、漏油、漏水等现象，如有“三漏”现象应排除
8	按柴油机生产厂家的使用说明书中“日常班次技术保养”要求对柴油机进行保养

表 2–6　拖拉机 50 小时技术保养

序号	技术保养具体内容
1	完成每班技术保养的全部内容
2	按维护、保养图和表加注润滑脂
3	检查油浴式空气滤清器的油面并除尘
4	按柴油机生产厂家的使用说明书中“一级技术保养”要求对柴油机进行保养

表 2–7　拖拉机 200 小时技术保养

序号	技术保养具体内容
1	完成 50 小时技术保养的全部内容
2	更换发动机油底壳润滑油
3	对油浴式空气滤清器的油盆进行清洗、保养
4	清洗提升器机油滤清器，必要时更换滤芯
5	按柴油机生产厂家的使用说明书中“二级技术保养”要求对柴油机进行保养

表 2–8　拖拉机长期存放技术保养

序号	技术保养具体内容
1	若发动机存放不到 1 个月，发动机机油更换不超过 100 工作小时，就不需任何防护措施。若发动机存放超过 1 个月，必须趁热车把发动机机油放净，更换新机油，并让发动机在小油门下运转数分钟
2	将燃油箱加满油，清洗、保养空气滤清器。将冷却系统的冷却水放出（如果使用的冷却液是防冻液则不必放掉）
3	将所有操纵手柄放到空挡位置（包括电气系统开关和驻车制动器）。将拖拉机前轮放正，悬挂杆件放在最低位置
4	取下蓄电池，在其极桩上涂润滑脂，存放在避光、通风、温度不低于 10℃的室内。对普通蓄电池，每月检查 1 次电解液液面高度，并用密度计检查充、放电状态。必要时，添加蒸馏水至规定高度，并用 7 安电流对蓄电池进行补充充电
5	将拖拉机前、后桥支撑起来，使轮胎稍离地面，并把轮胎气放掉；否则，要定期将拖拉机顶起，检查轮胎气压
6	将整机擦洗干净，在喷漆件表面涂上石蜡，非喷漆件表面涂上防护剂，整机套上防护罩

二、换季保养

（一）拖拉机冬季保养

拖拉机在冬季使用时，由于气温很低，柴油、润滑油的黏度相对提高，流动困难，甚至发生凝结、堵塞等现象；同时，由于润滑油黏度提高，使拖拉机起动阻力增大，发动机起动转速偏低，在压缩行程时，由于气缸与活塞间隙增大而使压缩气体泄漏，并且散失热量相对增多，将造成发动机起动困难；而且道路常常积雪、结冰，增加行驶困难，降低牵引性能，并且容易发生事故。因此，在冬季要注意拖拉机的使用和保养。

（1）入冬前，拖拉机要做一次全面的技术保养，特别要注意燃油系统、润滑系统、变速器和后桥等部位的清洗工作。

（2）准备好冬季作业需用的燃油、机油和齿轮油。气候寒冷地区必须选用合适牌号的燃油。燃油的凝固点应比当地最低气温低 3~5℃，以保证最低气温时柴油不至于因凝固而失去流动性。当气温过低时，即气温为-5℃时，可选用-10号的柴油；当气温为-14~-5℃时，可选用-20号的柴油；当气温为-30~-15℃时，可选用-30号的柴油。发动机油底壳、变速器及后桥等部位必须换用冬季润滑油；严禁在机油内掺入煤油、柴油或黏度低的润滑油进行稀释，以防止机油变质；对于变速器及后桥中的齿轮油，当气温过低时，可掺入低凝点润滑油。

（3）拖拉机发动机、水箱散热器、燃油箱等应做好必要的保温工作，如加装保温套等。

（4）注意拖拉机蓄电池的使用。一般蓄电池电解液的相对密度为1.28~1.30，应加大蓄电池电解液的相对密度，以避免冻结。将发电机充电电压提高0.5~1.2伏，以保证向蓄电池经常充足电；如气温过低，应对蓄电池采取保温措施。

（二）拖拉机夏季保养

（1）防止水箱水温过高。夏季，拖拉机的冷却水蒸发、消耗快，出车前必须加足冷却水，并在工作中经常检查水位。对于无水温表的单缸柴油机，要时刻注意水箱浮子的红标高度，如果浮子不能正常使用就应及时修理。

工作中若出现开锅现象，则不要直接加冷却水，应停止工作，使发动机减速运转，待水温降低（约60℃）后再慢慢添加冷却水，以免水箱遇冷产生裂纹。在打开散热器盖时，要用毛巾等遮住散热器盖或站在上风位置，脸不要朝向加水口，以免被喷出的高温水汽烫伤。

（2）做好冷却系统的保养工作。夏季到来之前要对冷却系统进行彻底的除垢清洁工作，使水泵和散热器水管畅通，保证冷却水的正常循环。此外，还应把黏附在散热器表面的污物及时清除干净。

冷却系统漏水多发生在水泵轴套处，针对履带式拖拉机，应将水封压紧螺母适当拧紧，如无效，表明填料已失效，应及时更换。填料可用涂有石墨粉的石棉绳绕成。轮式拖拉机要注入足够的润滑脂，以确保水泵的正常工作。

（3）调整传动带的张紧度，检查轮胎气压。若风扇传动带过松，易打滑，使风扇和水泵的转速下降，风力不足；若风扇传动带过紧，则轴承负荷过大，使磨损加剧，功率消耗增加。一般要求是：用拇指在传动带中部按压时，传动带下垂量应为10~15毫米。传动带过松或过紧都应及时调整。

夏季，为避免爆胎，给拖拉机的轮胎充气时以低于标准压力的2%~3%为宜。

（4）正确使用调温装置。调温装置有自动式（如节温器等）和手动式（如保温帘和百叶窗等）两种。夏季天热，水温越低越好，常将节温器拆去，这样做，在冷车起动时将大大延长发动机的预热时间，加速零件的磨损。因此，在夏季也不应把节温器拆下。保温帘和百叶窗用来调节通过散热器的风量。夏季一般可不用保温帘，百叶窗也应置于全开位置。

（5）选用黏度高的润滑油。润滑油黏度高可提高其性能，增加密封性。更换拖拉机的润滑油时，要对机油滤清器、集滤器、油底壳彻底清洗一遍。装有转换开关的柴油机，夏季应将其转到“夏”的位置，使机油经过散热再进入主油道，以免润滑油黏度降低。

（6）注意蓄电池的保养。夏季，蓄电池电解液中的水分容易蒸发，应注意液面的检查正常液面应高出极板1~15毫米。蓄电池电解液的相对密度应按规定调小。加液口盖上气小孔要多加疏通。暂时不用的蓄电池要存放在阴凉、通风的地方。蓄电池要经常保持有电量，拖拉机长时间不工作时，应将蓄电池拆下，放在通风、干燥的室内，每隔天充一次电。此外，还要保持蓄电池的外部清洁，合理使用和存放。在盛夏时节，拖拉机的作业时间最好安排在早上和晚上，中午尽量不出车。

（7）防止燃油气阻。温度越高，燃油蒸发越快，越容易在油路中形成气阻。因此，夏季应及时清洗燃油滤清器，保持油路畅通；行车中可将一块湿布盖在燃油泵上，并定时淋水以保持湿润，减少气阻的产生。一旦燃油系统产生气阻，应立即停车降温，并用手油泵使油路中充满燃油。

（8）防止发动机爆燃。若发动机因过热产生爆燃，会使气缸上部的磨损增加3~5倍，因此，要彻底清除燃烧室、气门头部等处的积炭，并检查及调整供油量和供油时间，以防止爆燃。

（9）合理存放。停车后，最好将拖拉机停放在树荫或通风、阴凉处，在烈日下停放时，要用稻草等将轮胎遮住。夜间最好将拖拉机停放在车库内，露天存放时要用塑料布将其罩好。

第五节　拖拉机的故障概述

一、拖拉机故障的相关概念

拖拉机在使用过程中，随着工作时间的增加，各个零件、合件、组件、总成因受各种因素的影响，逐渐由设计的“应有状态”向使用后的“实有状态”变化，当变化达到一定程度时出现故障。研究、掌握拖拉机零件的变化规律及其原因，适时、合理地进行维护与保养，对于降低使用成本、确保安全、延长使用寿命具有重要意义。

（一）零件、合件、组件及总成的概念

拖拉机是由许多零件装配组合而成的。零件与零件的组合，按其功能可分为若干个单独的零件、合件、组件和总成等。它们各自具有一定的作用，彼此之间有一定的配合关系。将它们有机地组合在一起，便成为一台完整的拖拉机。

（1）零件。零件是拖拉机最基本的组成单元。它是由某些材料制成的不可拆卸的整体，如活塞。

（2）合件。合件是由两个或两个以上的零件组装成一体，起着单一零件的作用，如连杆总成。

（3）组件。组件是由若干个零件或合件组装成一体，零件与零件之间有一定的运动关系，尚不能起单独完整机构作用的装配单元，如活塞连杆组。

（4）总成。总成是由若干零件、合件或组件装合成一体，

能单独起一定机构作用的装配单元，如高压油泵总成。

（二）故障的概念

组成拖拉机的各零件、合件、组件、总成之间都有着一定的相互关系，在其工作过程中，这种关系会发生变化，使其技术状况变坏，使用性能下降。人为使用、调整不当和零件的自然恶化是产生此种现象的原因。

拖拉机零件的技术状况，在工作一定时间后会发生变化，当这种变化超出了允许的技术范围，而影响其工作性能时，即称为故障。如发动机动力下降、起动困难、漏油、漏水、漏气、耗油量增加等。

二、拖拉机故障产生的主要原因

拖拉机产生故障的原因是多方面的，零件、合件、组件和总成之间的正常配合关系受到破坏和零件产生缺陷则是主要的原因。

（一）零件配合关系的破坏

零件配合关系的破坏主要是指间隙或过盈配合关系的破坏。例如，缸壁与活塞配合间隙增大，会引起窜机油和气缸压力降低；轴颈与轴瓦间隙增大，会产生冲击负荷，引起振动和敲击声；滚动轴承外环在轴承孔内松动，会引起零件磨损，产生冲击响声等。

（二）零件间相互位置关系的破坏

零件间相互位置关系的破坏主要是指结构复杂的零件或基础件。例如，拖拉机变速器壳体变形、轴承孔沿受力方向偏磨等，都会造成有关零件间的同轴度、平行度、垂直度等超过允许值，从而产生故障。

（三）零件、机构间相互协调性关系的破坏

例如，汽油机点火时间过早或过晚，柴油机各缸供油量不均匀，气门开、闭时间过早或过晚等，均属协调性关系的破坏。

（四）零件间连接松动和脱开

零件间连接松动和脱开主要是指螺纹连接及焊、铆连接松动和脱开。例如，螺纹连接件松脱、焊缝开裂、铆钉松动和铆钉剪断等都会造成故障。

（五）零件的缺陷

零件的缺陷主要是指零件磨损、腐蚀、破裂、变形引起的尺寸、形状及外表质量的变化。例如，活塞与缸壁的磨损、缸体与缸盖的裂纹、连杆的扭弯、气门弹簧弹力的减弱和油封橡胶材料的老化等。

（六）使用、调整不当

拖拉机由于结构、材质等特点，对其使用、调整、维修保养应按规定进行。否则，将造成零件的早期磨损，破坏正常的配合关系，导致损坏。

综上所述，不难得出产生故障的原因：一是使用、调整、维修保养不当造成的故障。这是经过努力可以完全避免的人为故障。二是在正常使用中零件缺陷产生的故障。到目前为止，人们尚不能从根本上消除这种故障，是零件的一种自然恶化过程。此类故障虽属不可避免，但掌握其规律，是可以减少其危害而延长拖拉机的使用寿命。

三、故障诊断的基本方法

（一）拖拉机故障的外观现象

拖拉机出现故障后往往表现出一个或几个特有的外观现象，而某一征象可以在几种不同的故障中表现出来。这些症象都具有可听、可嗅、可见、可触摸或可测量的性质。概括起来有以下几种。

（1）作用反常。例如，发动机起动困难、拖拉机制动失效、主离合器打滑、发电机不发电、拖拉机的牵引力不足、燃油或机油消耗过多、发动机转速不正常等。

（2）声音反常。例如，机器发出不正常的敲击声、放炮声等。

（3）温度反常。例如，发动机的水箱开锅、轴承过热、离合器过热、发电机过热等。

（4）外观反常。例如，排气冒白烟、黑烟或蓝烟，各处漏油、漏水、漏气，灯光不亮，零件或部件的位置错乱，各仪表的读数超出正常的范围等。

（5）气味反常。例如，发出摩擦片烧焦的气味等。

拖拉机故障产生的原因是错综复杂的，每一个故障往往可能由几种原因引起。而这些故障的现象或症状一般都通过感觉器官反应到人脑中，因此进行故障分析的人，为了得到正确的结果，应加强调查研究，充分掌握有关故障的感性材料。

（二）慢性原因与急性原因

在掌握故障的基本症状以后，就可以对具体的症状进行具体分析。在分析时，必须综合该牌号拖拉机的构造，联系机器及其部件的工作原理，全面、具体而深入地分析可能产生故障的各种原因。

分析症状或现象应当由表及里，透过表面的现象寻找内在的原因。查找故障的起因则应当由简单到烦琐，也就是先从最常见的可能性较大的起因查起，在确定这些起因不能成立以后，再检查少见的可能较小的起因。据此可以考虑发生故障的慢性原因还是急性原因。

故障产生的慢性原因一般为机械磨损、热蚀损、化学锈蚀、材料长期性塑性变形、金相结构变化，以及零件由于应力集中产生的内伤逐渐扩大等。这些慢性原因在机器运用的过程中长期起作用，因而可能逐渐形成各种故障症状，症状的程度也可能是逐渐增加的。但是，在不正确进行技术维护和操纵机器的条件下，故障就会加速形成。

故障产生的急性原因是各式各样的，例如，供应缺乏（散热器缺水、燃油箱缺油、油箱开关未开、蓄电池亏电、蓄电池极桩松动或接触不良等)、供应系统不通(油管及通气孔堵塞、滤清器堵塞、电路的短路或断路等)、杂物的侵入(燃油中混入水、燃油管进入空气、电线浸油与浸水、滤网积污等)、安装调整错乱(点火次序、气门定时的错乱等)。

急性原因带有较大的偶然性,常常是由于工作疏忽或保养不当引起的。一经发作,机器便不能起动或工作。这类故障一般是比较容易排除的。

(三)分析故障的基本方法

分析故障的能力主要取决于使用者的经验,从长期的经验中,总结出分析故障的简明方法,原则为:结合构造,联系原理;搞清症状,具体分析;从简到繁,由表及里;按细分段,推理检测。

综合故障症状进行具体分析,首先判定产生故障的系统,例如,柴油机的功率不足,原因可能是在燃油系统和压缩系统两方面,可以观察在发动机熄火时风扇摆动情况,或用气缸压力表测定气缸压缩终了的压力等方法来判明压缩系统的状态。当压缩系统的技术状态可以确信完好时,则判定故障来自燃油系统。在确定故障所在的系统后,还应把系统分段,进一步确定是哪一段产生的故障。例如,燃油系统中输油泵至油箱是低压油路,喷油泵至喷油器是高压油路,前后两段的区别在于,低压油路是共用的,而高压油路则为各缸单独具有的,如果故障在各缸都出现时就可判断故障可能出在低压油路,但故障只在某些缸出现时,其原因可能在高压油路。

按系统分段推理检测,一般可以采用“先查两头,后查中间”的方法。如燃油系统有故障,应当检查燃油箱是否有油,燃油箱开关是否打开,或者观察喷油器是否喷油。如燃油箱方面没问题,再检查油杯是否有油,如果无油则可判定油管堵塞。又如汽油机电系统,应先观察蓄电池连接,用手拉一下搭铁线和火线电桩头是否松动或者火花塞是否发出火花,后看点火线圈及配电器等。

故障的症状是故障的原因在一定的工作时间内的表现，当变更工作条件时，故障的症状也随之改变。只在某一条件下，故障的症状表露得最明显。因此，分析故障可采用以下方法。

(1) 轮流切换法。在分析故障时，常采用断续的停止某部分或某部分系统的工作，观察症状的变化或症状更为明显，以判断故障的部位所在。例如，断缸分析法，轮流切断各缸的供油或点火，观察故障症状的变化，判明该缸是否有故障，如发动机发生断续冒烟情况，但在停止某一缸的工作时，此现象消失，则证明此缸发生故障。又如在分析底盘发生异常响声时，可以分离转向离合器。将变速杆放在空挡或某一速挡，并分离离合器，可以判断异常响声发生在主离合器前还是发生在主离合器后，发生在变速器还是发生在中央传动机构。

(2) 换件比较法。分析故障时，如果怀疑某一部件或是零件是故障起因，可用技术状态完好的新件或修复件替换，并观察换件前后机器工作时故障症状的变化，断定原来部件或零件是否是故障原因所在，分析发动机时，常用此法对喷油器或火花塞进行检验。在多缸发动机中，有时将两缸的喷油器或火花塞进行对换，看故障部位是否随之转移，以判断部件是否产生故障。为了判断拖拉机或发动机某些声响是否属于故障声响，有时采用另一台技术状态正常的拖拉机或发动机在相同工作规范的条件下进行对比。

(3) 试探反正法。在分析故障原因时，往往进行某些试探性的调整、拆卸，观察故障症状的变化，以便查询或反证故障产生的部位。例如，排气冒黑烟，结合其他症状分析结果是怀疑喷油器喷射压力降低，在此情形下可稍稍调整喷油器的喷射压力，如果黑烟消失，发动机工作转为正常，即可断定故障是由于喷油器喷射压力过低造成的。又如怀疑活塞气缸组磨损，可向气缸内注入机油，如气缸压缩状态变好，则说明活塞气缸组磨损属实。必须遵守少拆卸的原则，只在确有把握能恢复原状态时才能进行必要的拆卸。

当几种不同原因的故障症状同时出现时，综合分析往往不能查明原因，此时用试探反证法应更有效。

第六节 拖拉机底盘的常见故障与处理

一、传动系统的故障与处理

（一）离合器的故障与处理

1. 离合器打滑

拖拉机起步时，离合器踏板完全放松后，发动机的动力不能全部输出，造成起步困难。有时由于摩擦片长期打滑而产生高温烧损，可嗅到焦臭味。

导致离合器产生打滑的根本原因是离合器压紧力下降或摩擦片表面质量恶化，使摩擦系数降低，从而导致摩擦力矩变小。故障具体原因和排除方法如下。

（1）离合器自由行程（或自由间隙）过小，应及时检查调整。

（2）压紧弹簧因打滑、过热、退火、疲劳、折断等原因使弹力减弱，致使压盘压力降低，更换离合器压紧弹簧或更换离合器总成。

（3）离合器从动盘、压盘或飞轮磨损及翘曲。针对磨损部件进行更换。

2. 离合器分离不彻底

发动机在怠速运转时，离合器踏板完全踏到底，挂挡困难，并有变速器齿轮撞击声。若勉强挂上挡后，不等抬起离合器踏板，拖拉机有前冲起步或立即熄火现象。

离合器分离不彻底的主要原因和排除方法如下。

（1）离合器自由行程过大，调整分离杠杆与分离轴承之间间隙。

（2）液压系统中有空气或液压油不足，进行系统排气并添加液压油。

（3）分离杠杆高度不一致，调整至规定的高度。

（4）离合器从动盘在离合器轴上滑动阻力过大，拆下从动盘对从动盘花键鼓进行修磨并涂油安装。

3. 离合器异响

离合器在接合或分离时，出现不正常的响声。出现不正常的响声的主要原因和排除方法如下。

（1）分离轴承或导向轴承润滑不良、磨损松旷或烧毁卡滞，更换轴承。

（2）离合器减振弹簧折断，更换离合器从动盘。

（3）离合器从动盘与轮毂啮合间隙过大，必要时更换离合器从动盘或离合器轴。

（4）离合器踏板回位弹簧过软，导致分离轴承跟转，更换回位弹簧。

4. 离合器接合抖动

拖拉机起步时，离合器接合时产生抖动，严重时会使整个车身发生抖振现象。离合器接合抖动的主要原因和排除方法如下。

（1）分离杠杆高度不一致，调整分离杠杆高度。

（2）压紧弹簧弹力不均、衰损、破裂或折断、离合器减振弹簧弹力衰损或折断，更换压紧弹簧或离合器从动盘。

（3）离合器从动盘摩擦表面不平、硬化或粘上胶状物，铆钉松动、露头或折断，更换离合器从动盘。

（4）飞轮、压盘或从动盘钢片翘曲变形，磨修飞轮、压盘，必要时更换离合器从动盘。

（二）变速器的故障与处理

1. 变速器跳挡

拖拉机在加速、减速或增大负荷时，变速杆自动跳回空挡位置。跳挡的主要原因和排除方法如下。

（1）变速器拨叉弯曲变形，校正或更换变速器拨叉。

（2）自锁钢球磨损、自锁弹簧弹力不足或折断，更换自锁钢球或自锁弹簧。

（3）齿轮或接合套严重磨损，更换齿轮或接合套。

（4）同步器磨损或损坏，更换同步器。

（5）外部操纵杆件调整不当，调整各连接杆件至规定要求。

2. 变速器异响

变速器异响包括以下几种。

（1）挂入某个挡位时，变速器发出不正常响声，如金属的干摩擦声、不均匀的撞击声等。主要原因和排除方法是该挡位传递路线上的某一对齿轮副轮齿损坏，更换该对齿轮。

（2）变速器在任何挡位均有异响。主要原因和排除方法如下。

①润滑油不足：此时应加注润滑油至正确的油面高度。

②中间轴（从动轴）轴承磨损或调整不当，变速器啮合齿轮磨损严重或损坏。应按规定间隙调整轴承，必要时更换轴承和齿轮。

（3）变速器空挡时有异响。主要原因和排除方法如下。

①润滑油不足，应加注润滑油至正确的油面高度。

②输入轴轴承磨损或损坏，应更换输入轴或输入轴轴承。

③中间轴轴承磨损，应更换中间轴轴承。

3. 挂挡困难

挂挡困难包括以下几种。

（1）在进行正常变速操作时，可听见齿轮的撞击声，变速杆难以挂入挡位，或勉强挂入挡后又很难摘下来。挂挡困难的原因和排除方法如下。

①主离合器分离不彻底，此时应调整离合器间隙或自由行程。

②同步器磨损或破碎，此时应更换同步器。

③变速器拨叉轴或拨叉磨损，此时应更换拨叉轴或拨叉。

④外部操纵杆件调整不当或有卡滞，此时应按要求检查调整。

⑤锁定机构弹簧过硬、钢球损坏，此时应更换弹簧或钢球。

（2）变速器乱挡。在离合器技术状况正常的情况下，变速器同时挂上两个挡或不能挂入所需要的挡位。主要原因和排除方法如下。

①变速杆球头定位销磨损、折断或球孔与球头磨损、松旷，此时应修复或更换。

②拨叉槽互锁销、互锁球磨损严重或漏装，此时应检查并更换。

③变速杆下端工作面或拨叉轴上导块的导槽磨损过度，此时应更换换挡拨叉或拨头。

（三）后桥的故障与处理

1. 运行时驱动桥发出不正常的响声

可分为空挡时、驱动时、滑行时、转弯时和加载时异响。主要原因和排除方法如下。

（1）齿轮油不足、油质变差，特别是油内有较大金属颗粒，此时应检查驱动桥油位，加注规定的润滑油；大小锥齿轮调整不当，拆卸驱动桥，正确调整大小锥齿轮轴承。

（2）差速器半轴齿轮与半轴花键轴或车轮半轴与最终传动花键轴间隙过大，此时应调整至规定的间隙。

2. 驱动桥过热

工作一段时间后，用手探试驱动桥壳体，有烫手感觉，有时伴随噪声。主要原因和排除方法如下。

（1）齿轮油不足或牌号不符合要求，此时应加注规定牌号的润滑油至规定油面高度。

（2）轴承预紧度过大，此时应正确调整轴承预紧度。

（3）大小锥齿轮啮合间隙过小，此时应正确调整大小锥齿轮啮合间隙。

二、行走系统的故障与处理

行走系统的技术状态，不仅影响车辆的使用性能，还对安全行驶有很大的影响，所以必须定期维护和保养，发现问题及时排除，以免造成事故。

（一）轮式拖拉机的故障与处理

1. 轮式拖拉机自动跑偏

拖拉机自动跑偏的主要原因如下。

（1）前轮前束调整不当，导致拖拉机自动跑偏。

（2）转向轮偏转角不相等。

（3）主销倾角变化，主销与主销套间隙过大。

（4）方向盘自由行程过大。

（5）转向拉杆球头磨损，间隙过大。

2. 轮式拖拉机前轮偏磨

前轮偏磨的主要原因如下。

（1）前轮前束调整不当，导致前轮与地面产生滑动，而不是纯滚动。

（2）转向轮偏转角不相等，导致某一前轮偏磨。

3. 轮式拖拉机前轮摇摆

前轮摇摆的主要原因如下。

（1）前轮前束值调整过大或过小。

（2）后倾角过大或过小。

（3）方向盘自由行程过大。

（4）转向拉杆球头磨损，间隙过大。

4. 轮式拖拉机轮胎损伤

轮胎损伤的主要原因如下。

（1）轮胎气压过高或过低。

（2）严重的超负荷，前轮前束调整不当。

（3）制动过猛，受不良路段的影响。

5. 全液压方向盘操作费力

方向盘操作费力的主要原因和排除方法如下。

（1）油泵故障，此时应修理油泵。

（2）由于异物或者缺少球，止回阀保持开启，此时应消除异物并清洗滤清器，在底座内放入新球（若缺失）。

（3）安全阀设置不正确，此时应正确校准安全阀。

（4）因有异物，安全阀阻塞或者保持开启，此时应消除异物并清洗滤清器。

（5）由于生锈、卡住等原因，转向机柱在轴衬上活动变得困难，此时应消除产生原因。

6. 全液压方向盘游隙过量

全液压方向盘游隙过量的主要原因和排除方法如下。

（1）转向机柱和回转阀间游隙过量，此时应更换磨损件。

（2）轴和切边销间的耦合游隙过量，此时应更换磨损件。

（3）轴和转子间的花键耦合游隙过量，此时应更换磨损件。

（4）弹簧损坏或者疲劳，此时应更新弹簧。

7. 方向盘摇晃，转向不可控制

方向盘摇晃，转向不可控制，车轮操纵在相反方向的才能达到希望的方向。主要原因和排除方法如下。

（1）液压转向同步不正确，此时应正确同步。

（2）连接到油缸的管路逆转，此时应正确连接。

8. 车轮不能保持在所需位置

车轮不能保持在所需位置，并需要持续使用方向盘校正。主要原因和排除方法如下。

（1）油缸活塞密封损坏，此时应更换密封件。

（2）回流阀因异物或损坏而保持开启，此时应清除异物并清洗滤清器或者更换控制阀。

（3）控制阀机械磨损，此时应更换控制阀。

9. 前轮振动（晃动）

原因是液压油缸内有空气，此时应排气并消除产生渗透的原因。

（二）履带式拖拉机的故障与处理

履带式拖拉机行走系统由于直接接触泥水等，并受到冲击和振动，工作条件极差，应对其经常进行维护保养。

1. 履带式拖拉机自动跑偏

自动跑偏的主要原因和排除方法如下。

（1）两侧履带的长度不等，此时应调整一致。

（2）两侧履带的紧度不一致，此时应按规定调整。

（3）两侧制动调整不均，此时应按要求调整左右制动器踏板的自由行程。

2. 履带式拖拉机履带脱轨

履带脱轨的主要原因和排除方法如下。

（1）履带过松、张紧弹簧预紧力不够，此时应按规定调整履带张紧度。

（2）履带销轴磨损严重，此时应更换履带销轴。

（3）导向轮拐轴弯曲或轴套磨损严重，此时应更换拐轴。

（4）行走装置各轴承间隙过大，此时应按规定调整轴承间隙。

（5）驱动轮轴弯曲，此时应校正驱动轮轴或更换驱动轮轴。

三、制动系统的故障与处理

（一）制动器失灵

（1）踩下制动器踏板后，拖拉机无停车迹象，且路面无刹车印痕。主要原因和排除方法如下。

①摩擦片磨损严重，此时应更换摩擦片并调整间隙。

②制动器内部进入油或泥水，此时应更换油封橡胶密封圈，并用汽油清洗制动器内各零件，晾干后装复。

③制动器踏板自由行程过大，此时应松开制动器踏板联锁片，分别调整左、右制动器踏板的自由行程。

④制动压盘内回位弹簧失效或钢球卡死，此时应拆开制动器，更换回位弹簧，用砂布磨光制动压盘凹槽及钢球，用油布擦净再装复制动器。

⑤制动器摩擦片装反，此时应拆卸重新进行安装。

（2）液压式制动系统失灵，踩下制动器踏板时，拖拉机不能明显减速，制动距离过长。主要原因和排除方法如下。

①制动总泵顶杆调整过短，使总泵工作行程减小，造成供油量不足，此时应调整制动总泵顶杆，使总泵顶杆与活塞被顶处有1.5~2毫米的间隙。

②由于制动频繁，制动器温度过高，使油液蒸发成气体。此时应稍停止使用制动，使制动器降温。

③分泵皮碗翻边，使分泵漏油。此时应更换分泵皮碗，将其调整为正常状态。

④快速接头的密封面密封不严或密封圈损坏而漏油。此时应检查密封，必要时更换密封圈。

⑤压盘与制动盘磨损严重，使制动间隙变大。此时应检查其磨损情况，必要时更换，或调节制动间隙。

⑥制动器液压管路中有空气，此时应排出制动系统中的空气。

（二）制动器分离不开

松开制动时造成忽然“自动刹车”在路面上可能出现侧滑痕，引起制动器发热，严重时摩擦片烧毁。此故障产生的主要原因和排除方法如下。

（1）制动器踏板自由行程过小，导致制动间隙过小。此时应调整制动器踏板自由行程。

（2）制动压盘回位弹簧失效（太软、脱落或失效）或钢球锈蚀，使制动压盘不能复位。此时应更换回位弹簧或用砂布磨光钢球，必要时更换钢球。

（3）轮毂花键孔与花键轴配合太紧，此时应修锉花键，使两者配合松动，直到摩擦盘能在花键上自由地轴向移动为止。

（4）球面斜槽磨损变形以及摩擦面间有杂物堵塞，此时应修复斜槽，清除杂物。

（5）液压制动活塞卡死，此时应清除油缸中卡滞物，必要时更换活塞或油缸。

（三）制动器异响

此故障现象为制动时发出响声，产生原因如下。

（1）摩擦衬片松脱或铆钉头外露。

（2）制动鼓或压盘变形、破裂。

（3）回位弹簧折断或脱落。

（4）盘式制动器压盘的凸耳与制动壳体内的凸肩之间的间隙过大。

排除方法是酌情修复或更换，修复或更换后要按规定调整间隙。

（四）制动“偏刹”

此故障现象为非单边制动时，拖拉机跑偏。产生原因和解决方法如下。

（1）左右踏板自由行程不一致，此时应重新调整，使左右制动器踏板自由行程基本一致。

（2）某一侧制动器打滑，此时应清洗制动器内各零件，或更换油封。

（3）田间作业使用单边制动后，制动器内摩擦片磨损严重或有油污，此时应更换摩擦片或去除摩擦片上的油污。

（4）两驱动轮轮胎气压不一致，此时应按规定充气。

四、液压悬挂系统的故障与处理

（一）农机具不能提升

农机具不能提升的主要原因和排除方法如下。

（1）油箱缺油，此时应及时添加。

（2）管路堵塞或不畅，此时应清洗滤网等。

（3）回油阀关闭不严，此时应敲击振动壳体、清洗和研磨。

（4）安全阀开启压力过低，此时应调整开启压力。

（5）增力阀漏油，此时应更换、调整增力阀。

（6）油泵内漏，此时应更换零件或更换油泵。

（二）农机具不能下降

农机具不能下降的主要原因和排除方法如下。

（1）回油阀在关闭位置卡死，此时应轻振壳体，人工复位。

（2）主控制阀“升位”或“中立”位置卡死、油孔堵塞，此时应人工复位、清洗。

（3）下降速度控制阀未开，此时应打开下降速度控制阀。

第七节　拖拉机电气系统的常见故障与处理

一、电气系统现象及诊断方法

（一）短路故障

对地线短路是一个电路的正极与地线侧之间的意外导通。当发生这种情况时，电流绕过工作负载流动，因为电流总是试图通过电阻最小的通路。

由于负载所产生的电阻降低了电路中的电流量，而短路可能会使大量的电流流过。通常，过量的电流会熔断熔断器。如图 2-4 所示，短路绕过断开的开关和负载，然后直接流至地线。

对电源短路也是一个电路的意外导通。如图 2-5 所示，电流绕过开关直接流至负载。这就出现了即使开关处于断开状态，灯泡也会点亮的情况。

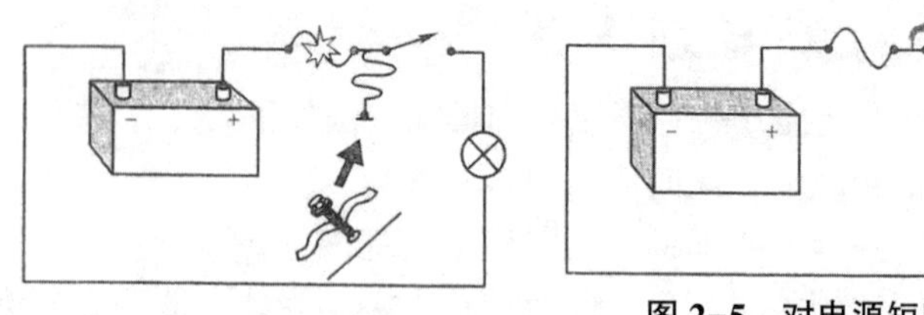

图 2-4　对地线短路　　图 2-5　对电源短路

（二）断路故障

断路电路是指拆下电源或地线侧的导体将断开一个电路。由于断路电路不再是一个完整的回路，因此电流不会流通，且电路“断开”。如图 2-6 所示，开关断开电路，并切断了电流。

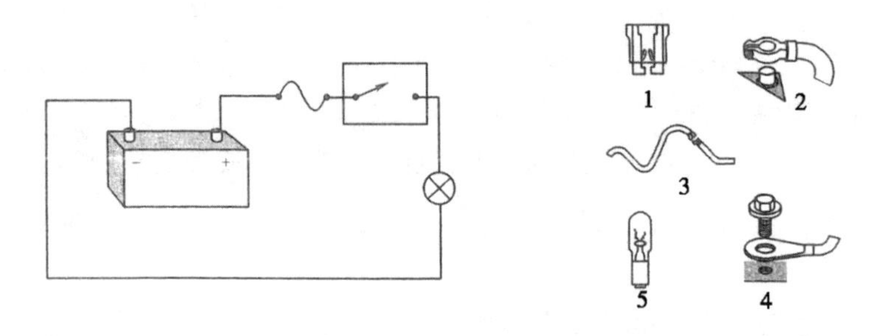

图 2-6　意外的断路

1. 溶断的熔断器　2. 断开了电源　3. 导线断裂　4. 地线断开　5. 灯泡烧坏

某些电路是有意而为的，但某些是意外的。如图 2-6 所示，显示了一些意外的“断路”示例。

（三）症状与系统、部件、原因的诊断步骤

诊断工作要求掌握全面的系统工作原理。对于所有的诊断工作来说，修理人员必须利用症状现象和出现的迹象，以确定车辆故障的原因。为帮助修理人员进行车辆诊断，实践中总结出了一个诊断的步骤，如图 2-7 所示，并在维修中广泛应用。

“症状与系统、部件、原因的诊断步骤”为使用和维修提供了一个逻辑的方法，以修理车辆的故障。

根据车辆运转的“症状”，确定车辆的哪个“系统”与该症状有关。当找到了故障的所在系统，再确定该系统内的哪个部件与该故障有关。在确定发生故障的部件后，一定要尽力找到产生故障的原因。在有些情况下，仅是部件发生磨损。但是，在其他的情况下，故障原因可能是由该发生故障部件以外的原因造成的。

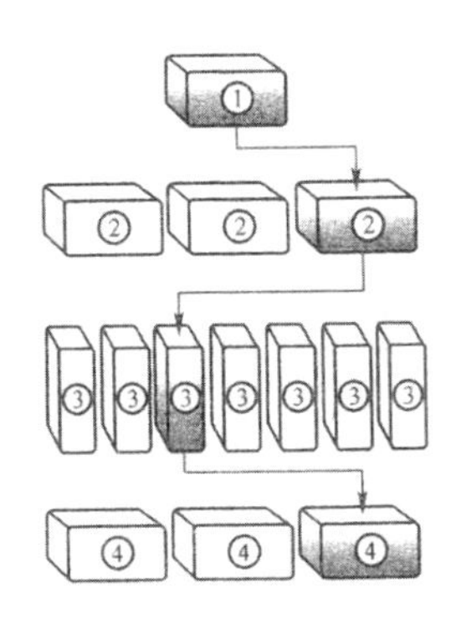

图 2–7　诊断步骤

1. 症状　2. 车辆系统　3. 部件　4. 原因

二、电气故障处理

蓄电池在使用中所出现的故障，除材料和制造工艺方面原因之外，在很多情况下是由于维护和使用不当而造成的。蓄电池的外部故障有外壳裂纹、封口胶干裂、接线松脱、接触不良或极桩腐蚀等。内部故障有极板硫化、活性物质脱落、内部短路和自行放电等。

（一）蓄电池极板硫化

蓄电池长期充电不足或放电后长时间未充电，极板上会逐渐生成一层白色粗晶粒的硫酸铅，在正常充电时不能转化为二氧化铅和海绵状铅，这种现象称为“硫酸铅硬化”，简称“硫化”。这种粗而坚硬的硫酸铅晶体导热性差、体积大，会堵塞活性物质的细孔，阻碍了电解液的渗透和扩散，使蓄电池的内阻增加，起动时不能供给大的起动电流，以致不能起动发动机。

硫化的极板表面上有较厚的白霜，充放电时会有异常现象，如放电时蓄电池容量明显下降，用高功率放电计检查时，单格电池电压急剧降低；充电时单格电池电压上升快，电解液温度迅速升高，但相对密度增加很慢，且过早出现“沸腾”现象。

产生极板硫化的主要原因如下。

（1）蓄电池长期充电不足，或放电后未及时充电，当温度变化时，硫酸铅发生再结晶的结果。在正常情况下蓄电池放电时，极板上生成的硫酸铅晶粒比较小，导电性能较好，充电时能够完全转化而消失。但若长期处于放电状态时，极板上的硫酸铅将有一部分溶解于电解液中，温度越高，溶解度越大。而温度降低时，溶解度减小，出现过饱和现象，这时有部分硫酸铅就会从电解液中析出，再次结晶生成大晶粒硫酸铅附着在极板表面上。

（2）蓄电池内液面太低，使极板上部与空气接触而强烈氧化（主要是负极桩）。在车辆行驶的过程中，由于电解液的上下波动与极板的氧化部分接触，也会形成大晶粒的硫酸铅硬层，使极板的上部硫化。

（3）电解液相对密度过高、电解液不纯、外部气温变化剧烈都能促进硫化。

因此，为了避免极板硫化，蓄电池应经常处于充足电状态，放完电的蓄电池应在 24 小时内送去充电，电解液相对密度要恰当，液面高度应符合规定。

对于已经硫化的蓄电池，不严重者按过充电方法充电，硫化严重者按去硫化充电方法，消除硫化。

（二）蓄电池自行放电

充足电的蓄电池，放置不用会逐渐失去电量，这种现象称为自行放电。

自行放电的主要原因是材料不纯，如极板材料中有杂质或电解液不纯，则杂质与极板、杂质与杂质之间产生了电位差，形成了闭合的“局部电池”，产生局部电流，使蓄电池放电。

由于蓄电池材料不可能绝对纯，并且正极板与栅架金属（铅锑合金）本身也构成电池组，所以轻微的自行放电是不可避免的。但若使用不当，会加速自行放电。如电解液不纯，当含铁量达1%时，一昼夜内就会放完电；蓄电池盖上洒有电解液，使正负极桩导电时，也会引起自行放电；电池长期放置不用，硫酸下沉，下部相对密度较上部大，极板上、下部发生电位差也可以引起自行放电。

自行放电严重的蓄电池，将完全放电或过度放电，使极板上的杂质进入电解液，然后将电解液倾出，用蒸馏水将蓄电池仔细清洗干净，最后灌入新电解液重新充电。

（三）电喇叭的故障判断与排除

（1）按下按钮，电喇叭不响。主要原因和排除方法如下。

①检查火线是否有电：方法是用旋具将电喇叭继电器“电池”接线柱与搭铁刮头。若无火花，则说明火线中有断路，应检查蓄电池→熔断器（或熔丝）→电喇叭继电器“电池”接线柱之间有无断路。如接头是否松脱、熔断器是否跳开（熔丝是否烧断）等。

②如火线有电，再用旋具将电喇叭继电器的“电池”与“电喇叭”两接线柱短接。若电喇叭仍不响，说明是电喇叭有故障；若电喇叭响，说明是电喇叭继电器或按钮有故障。

③按下按钮，倾听继电器内有无声响。若有“咯咯”声（即触点闭合），但电喇叭不响，说明继电器触点氧化烧蚀；若继电器内无反应，再用旋具将“按钮”接线柱与搭铁短路；若继电器触点闭合，电喇叭响，则说明是按钮氧化，锈蚀而接触不良；若触点仍不闭合，说明继电器线圈中有断路。

（2）电喇叭声音沙哑。主要原因和排除方法如下。

①故障现象：发动机未起动前，电喇机声音沙哑，但当起

动机发动后在中速运转时，电喇叭声音若恢复正常，则为蓄电池亏电；若声音仍沙哑，则可能是电喇叭或继电器有问题。

用旋具将继电器的“电池”与“电喇叭”两接线柱短接。若电喇叭声音正常，则故障在继电器，应检查继电器触点是否烧蚀或有污物而接触不良；若电喇叭声音仍沙哑，则故障在电喇叭内部，应拆下检查。

按下按钮，电喇叭不响，只发“嗒”一声，但耗电量过大。故障在电喇叭内部，可拆下电喇叭盖再按下按钮，观察电喇叭触点是否打开。若不能打开应重新调整；若能打开则应检查触点间以及电容器是否短路。

②电喇叭的检查：

电喇叭筒及盖有凹陷或变形时，应予以修整。

检查喇叭内的各接头是否牢固，如有断脱，用烙铁焊牢。

检查触点接触情况。触点应光洁、平整，上、下触点应相互重合，其中心线的偏移不应超过 0.25 毫米，接触面积不应少于 80%，否则应予以修整。

检查喇叭消耗电流的大小。将喇叭接到蓄电池上，并在其中电路中串接一只电流表，检查喇叭在正常蓄电池供电情况下的发声和耗电情况。发声应清脆洪亮，无沙哑声音，消耗电流不应大于规定。如喇叭耗电量过大或声音不正常时，应予以调整。

③电喇叭的调整：不同形式的电喇叭其结构不完全相同，因此调整方法也不完全一致，但其调整原则是基本相同的。电喇叭的调整一般有下列两项。

铁心间隙（即衔铁与铁心的间隙）的调整。电喇叭音调的高低与铁心间隙有关，铁心间隙小时，膜片的频率高则音调高；间隙大时则膜片的频率低，音调低。铁心间隙（一般为 0.7~1.5 毫米）视喇叭的高、低音及规格而定，如 DL34G 间隙为 0.7~0.9 毫米，DL34D 间隙为 0.9~1.05 毫米。几种常见电喇叭铁心间隙的调整部位的电喇叭，应先松开锁紧螺母，然后转动衔铁，即可改变衔铁与铁心间的间隙，扭松上、下调节螺母，使铁心上升或下降即可改变铁心间隙，先松开锁紧螺母，转动衔铁加以调整，然后拧松螺母，使弹簧片与衔铁平行后紧固。调整时应使衔铁与铁心间的间隙均匀，否则会产生杂音。

触点压力的调整。电喇叭声音的大小与通过喇叭线圈的电流大小有关。当触点压力增大时，流入喇叭线圈的电流增大使喇叭产生的音量增大，反之音量减小。

触点压力是否正常，可通过观察喇叭工作时的耗电量与额定电流是否相符来判别。如相符则说明触点压力正常；如耗电量大于或小于额定电流，则说明触点压力过大或过小，应予以调整，先松开锁紧螺母，然后转动调节螺母（反时针方向转动时，触点压力增大，音量增大）进行调整，也可直接旋转触点压力调节螺钉（反时针方向转动时，音量增大）进行调整。调整时不可过急，每次只需对调节螺母转动十分之一转左右。

（四）启动电路故障

（1）起动机不转。起动时，起动机不转动，无动作迹象。

①故障原因：故障原因（以有启动继电器启动系统为例）如下。

蓄电池严重亏电或极板硫化、短路等，蓄电池极桩与线夹接触不良，启动电路导线连接处松动而接触不良等。

起动机的换向器与电刷接触不良，磁场绕组或电枢绕组有断路或短路，绝缘电刷搭铁，电磁开关线圈断路、短路、搭铁或其触点烧蚀而接触不良等。

启动继电器线圈断路、短路、搭铁或其触点接触点不良。

点火开关接线松动或内部接触不良。

启动线路中有断路，导线接触不良或松脱，熔丝烧断等故障。

②故障诊断方法：故障诊断方法如下。

检查电源（蓄电池）。按电喇叭或开大灯，如果电喇叭声音小或嘶哑，灯光比平时暗淡，说明电源有问题，应先检查蓄电池极桩与线夹及启动电路导线接头处是否有松动，触摸导线连接处是否发热。若某连接处松动或发热则说明该处接触不良。如果线路连接无问题，则应对蓄电池进行检查。

检查起动机。如果判断电源无问题，用旋具将起动机电磁开关上连接蓄电池和电动机导电片的接线柱短接，如果起动机不转，则说明是电动机内部有故障，应拆检起动机；如果起动机空转正常，则进行以下步骤检查。

检查电磁开关。用旋具将电磁开关上连接启动继电器的接线柱与连接蓄电池的接线柱短接，若起动机不转，则说明起动机电磁开关有故障，应拆检电磁开关；如果起动机运转正常，则说明故障在启动继电器或有关的线路上。

检查启动继电器。用旋具将启动继电器上的“电池”和“起动机”两接线柱短接，若起动机转动，则说明启动继电器内部有故障。否则应再做下一步检查。

将启动继电器的“电池”与点火开关用导线直接相连，若起动机能正常运转，则说明故障在启动继电器至点火开关的线路中，可对其进行检修。

（2）起动机运转无力，起动时，起动机转速明显偏低甚至于停转。

①故障原因：故障原因如下。

蓄电池亏电或极板硫化短路，启动电源导线连接处接触不良等。

起动机的换向器与电刷接触不良，电磁开关接触盘和触点接触不良，电动机磁场绕组或电枢绕组有局部短路等。

②故障诊断方法：起动机运转无力应首先检查起动机电源，如果启动电源无问题，再拆检起动机，检查排除故障。

（3）起动机空转。起动时，起动机转动，但发动机不转。

①故障原因：故障原因如下。

单向离合器打滑。

飞轮齿环的某一部分严重缺损，有时也会造成起动机空转。

②故障诊断方法。若将发动机飞轮转一个角度，故障会随之消失，但以后还会再现，即为飞轮齿环缺损引起的起动机空转，应焊修或更换飞轮齿圈。

(4) 驱动齿轮与飞轮齿环撞击。启动时，听到驱动齿轮与飞轮齿环的金属碰击声，驱动齿轮不能啮入。

①故障原因：故障原因如下。

电磁开关触桥接通的时间过早，在驱动齿轮啮入以前就已高速旋转起来。

飞轮齿圈磨损严重或驱动齿轮磨损严重。

②故障诊断方法：先适当调整电磁开关触桥的接通时间，若打齿现象仍不能消失，则应拆检起动机驱动齿轮和飞轮齿圈进行检查。

(5) 电磁开关吸合不牢。起动时发动机不转，只听到驱动齿轮轴向来回窜动的“啦啦”声。

①故障原因：故障原因如下。

蓄电池亏电或起动机电源线路有接触不良之处。

启动继电器的断开电压过高。

电磁开关保持线圈断路、短路或搭铁。

②故障诊断方法：先检查启动电源线路连接是否良好，若无问题，可将启动继电器的“电池”接柱和“起动机”接线柱短接，如果起动机能正常转动，则为启动继电器断开电压过高，应予以调整；如果故障仍然存在，则应对蓄电池进行补充充电。如果蓄电池充足电后故障仍不能消除，则应拆检起动机的电磁开关。

(五) 灯光系统及仪表常见故障诊断

(1) 灯光系统故障的诊断。

①接通车灯开关时，所有的灯均不亮：说明车灯开关前电路中发生断路。按电喇叭，若电喇叭不响，说明电喇叭前电路中有断路或接线不良；若电喇叭响，则说明熔断器前电路良好，而是熔断器→电流表→车灯开关电源接线柱这一段电路中有故

障，可用试灯法、电压法或刮火法进行检查，找出断路处。

②接通车灯开关时，熔断器立即跳开或熔丝立即熔断：如将车灯开关某一挡接通时，熔断器立即跳开或熔丝立即熔断，说明该挡线路某处搭铁，可用逐段拆线法找出搭铁处。

③接通大灯远光或近光时，其中一只大灯明显发暗：当大灯使用双丝灯泡时，如其中一只大灯搭铁不良，就会出现一只灯亮、另一只灯暗淡的情况。诊断时，可用一根导线一端接车架，另一端与亮度暗淡的大灯搭铁处相接，如灯恢复正常，则说明该灯搭铁不良。

④转向信号灯不闪烁：检查闪光器电源接线柱是否有电。若有电，再用旋具将闪光器的两接线柱短接，使其隔出。如这时转向信号灯亮，表明闪光器有故障；如转向信号灯不亮，可用电源短接法，直接从蓄电池引一导线到转向信号灯接线柱。如灯亮，则为闪光器引出接线柱至转向开关间某处断路或转向开关损坏。当用旋具将闪光器的两接线柱短接并拨动转向开关时，出现一边转向信号灯亮，而另一边不但不亮，且旋具短接上述两接线柱时，出现强烈火花。这说明不亮的一边转向信号灯的线路中某处搭铁，使闪光器烧坏。必须先排除转向信号灯搭铁故障，然后再换上新闪光器。否则新闪光器仍会很快烧坏。

⑤右转向时，转向信号灯闪烁正常，但左转时两边转向信号灯均微弱发光：对于转向信号灯与前小灯采用的双丝灯泡的车辆，当其中一只灯泡搭铁不良时，就会出现转向信号灯一边闪光正常而转向开关拨到另一边时，两边转向信号灯均微弱发光的现象。如右转向时，转向灯闪烁正常，左转时两边转向灯均微弱发光，则说明左小灯搭铁不良。诊断时可用一根线将左小灯直接搭铁，如转向信号灯恢复正常工作，则说明诊断正确。

（2）拖拉机仪表检修注意事项。

①拖拉机仪表装置比较精密，对其进行维修的技术要求较高，维修时应严格按照各拖拉机使用维修手册的有关规定进行，必要时应让专业人员维修。

②拖拉机仪表显示板和母板不仅较易损坏，而且价格较高，因此在使用和检修时应特别谨慎，多加保护，除有特殊说明外，不能用蓄电池的全部电压加于仪表板的任何输入端。在多数情况下，由于检测仪表（如欧姆表）使用不当易造成电路的严重损坏。

③静电接铁：在维修电子仪表时，不论在车上还是在工作台上作业，作业地点和维修人员都不能带静电。因此，作业时必须使用一定的静电保护装置。

④防止静电放电：人体是一个很大的静电发生器。静电电压依大气条件而变化。如在相对湿度10%~20%条件下走过地毯时，可以产生35 000伏的静电电压。当这样高的静电电压放电时，将对拖拉机上的精密仪表、控制装置等可能造成损坏。因此从仪表板上拆卸母板时应在干燥处进行，注意防止人身上的静电损坏仪表上的集成电路片。作业时应及时使人体接触已知接地点，消除身上的静电，并且只能用手拿仪表板的侧边，而不能触及显示窗和显示屏的表面。

⑤对需要检修的仪表板的拆卸：要按拆装顺序进行，拆装时注意不要猛敲以防本来状况良好的元器件因敲打而损坏。在拆卸仪表板总成之前，应首先切断电源。新的电子仪表元器件应放在镀镍的包装袋里，需要更换时，应从此包装袋中取出，取出时注意不要碰触各部接头，不要提前从袋中取出。

第三章　联合收获机使用技术

收获是农业生产中关键性的作业环节，使用机械迅速、及时、高质量地进行收获作业，对保证丰产丰收具有十分重要的意义。

第一节　水稻联合收割机的使用与维护

一、水稻联合收割机的构造及工作过程

水稻联合收割机按喂入方式的不同可分为全喂入式和半喂入式两种。全喂入式联合收割机是将割下的作物全部喂入滚筒。半喂入式只是将作物的头部喂入滚筒，因而能将茎秆保持得比较完整。如图 3–1 所示为半喂入式联合收割机。

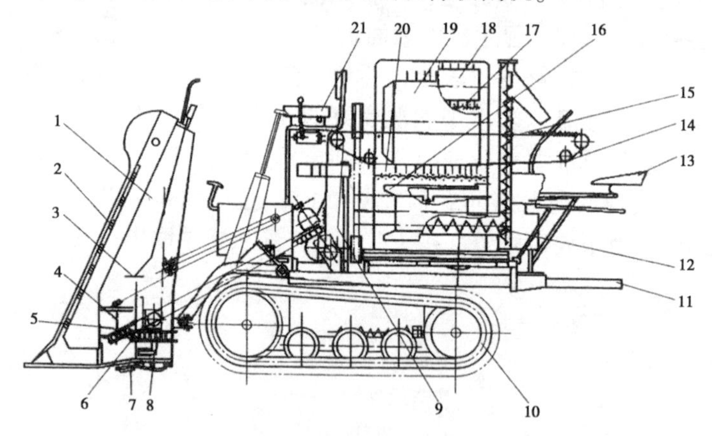

图 3–1　半喂入式联合收割机

1. 立式割台　2. 扶禾器　3. 上输送链　4. 拨禾星轮　5. 中间输送上链　6. 中间输送下链　7. 切割器　8. 下输送链　9. 二级夹持链　10. 履带　11. 卸粮台　12. 水平螺旋　13. 卸粮座位　14. 脱粒夹持链　15. 竖直螺旋　16. 风扇　17. 副滚筒筛板　18. 副滚筒　19. 主滚筒　20. 凹板　21. 驾驶台

水稻联合收割机工作时，扶禾拨指将倒伏作物扶直推向割台，扶禾星轮辅助拨指拨禾，并支撑切割。作物被切断后，割台横向输送链将作物向割台左侧输送，再传给中间输送装置，中间输送夹持链通过上下链耙把垂直状态的作物禾秆逐渐改变成水平状态送入脱粒滚筒脱粒，穗头经主滚筒脱净后，长茎秆从机后排出，成堆或成条铺放在田间。谷粒穿过筛网经抖动板，由风扇产生的气流吹净，干净的谷粒落入水平推运器，再由谷粒水平推运器送给垂直谷粒推运器，经出粮口接粮装袋。断穗由主滚筒送给副滚筒进行第二次脱粒，杂余物由副滚筒的排杂口排出机外。

二、水稻联合收割机的使用调整

（一）收割装置主要调整内容

1. 分禾板上下位置调整

收割装置根据作业的实际情况及时进行调整。田块湿度大，前仰或过多地拨起倒伏作物时，应将分禾板尖端向下调，直至合适为止（最低应距地面 2 厘米）。通过调整螺栓进行调整，如图 3-2所示。

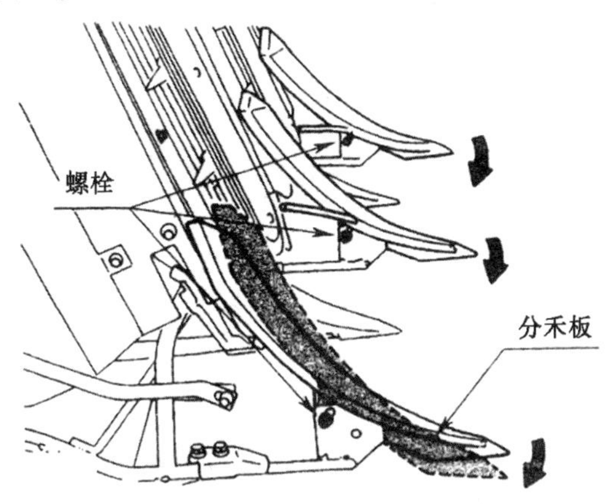

图 3-2 分禾板的上下调整

2. 扶禾爪的收起位置高度调整

根据被收作物的实际情况，调节扶禾爪的收起位置。其调节方法：先解除导轨锁定杆，然后上下移动扶禾器内侧的滑动导轨位置，如图 3-3 所示。具体要求：通常情况下，导轨调至②的位置；易脱粒的品种和碎草较多时，导轨调至③的位置；长秆且倒伏的作物，导轨应调至①位置。调整时，4 条扶禾链条的扶禾爪的收起高度，都应处于相同的位置。

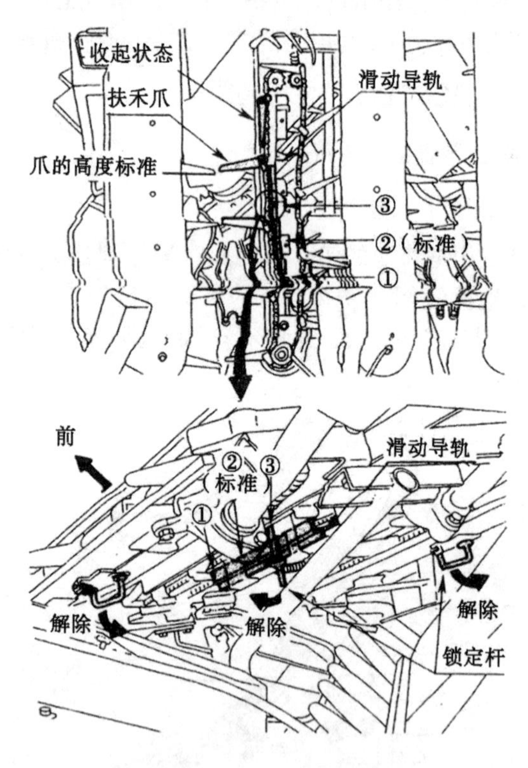

图 3-3　扶禾爪收起位置高度

3. 右穗端链条右传送爪导轨的调整

右爪导轨的位置应根据被脱作物的状态而定。作物茎秆比较零乱时，导轨置于标准位置，如图 3-4 所示；而被脱作物易脱粒而又在右穗端链条处出现损失时，应将导轨调向②位置。其调整方法是：松开固定右爪导轨螺母 A、B，通过 B 处的长槽孔将右爪导轨向②的方向移动至合适位置为止，然后拧紧螺母 A、B 固定即可。

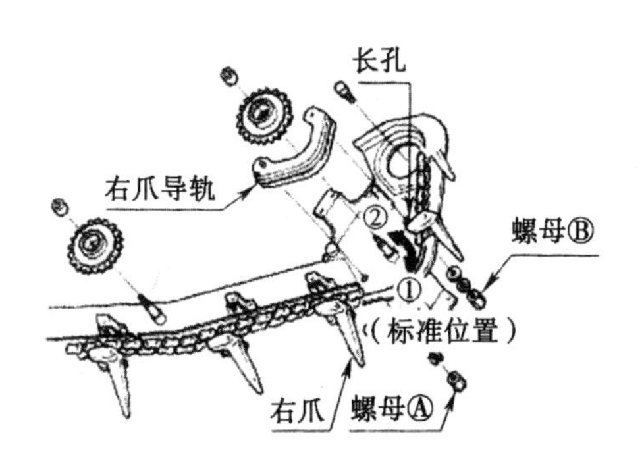

图 3-4　右传动爪导轨的调整

4. 扶禾调速手柄的调节

扶禾调速手柄通常在“标准”位置上进行作业，只有在收割倒伏 45°以上的作物时或茎秆纠缠在一起时，先将收割机副变速杆置于“低速”，再将扶禾调速手柄置于“高速”或“标准”位置。收割小麦时，不用“高速”位置。

（二）脱粒装置的主要调整

1. 脱粒室导板调节杆的调整

脱粒室导板调节杆有开、闭和标准 3 个位置（图 3-5）。

新机出厂时，调节杆处于“标准”位置。作业中出现异常响声（咕咚、咕咚声），即超负荷时，收割倒伏、潮湿作物及稻麸或损伤颗粒较多时，应向“开”的方向调节；当作物中出现筛选不良时（带芒、枝梗颗粒较多、碎粒较多、夹带损失较多）或谷粒飞散较多时，应向“闭”的方向调节。

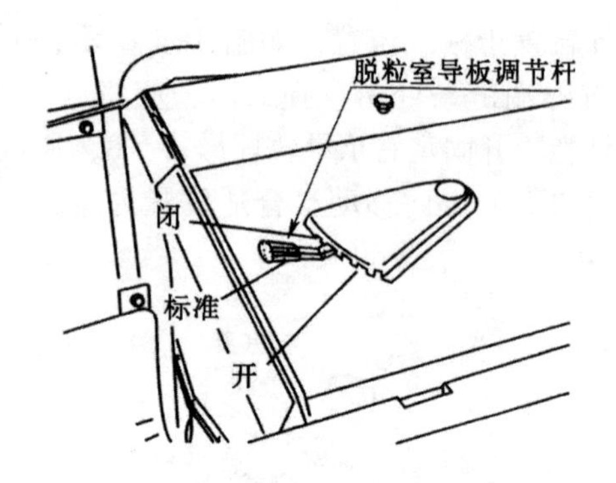

图 3-5　脱粒室导板调节杆的调整

2. 清粮风扇风量的调整

合理调整风扇风量能提高粮食的清洁率和减少粮食损失率。风量大小的调整是通过改变风扇皮带轮直径大小进行的。其调整方法是，风扇皮带轮由两个半片和两个垫片组成，如图 3-6 所示。两个垫片都装在皮带轮外侧时，皮带轮转动外径最大，此时风量最小；两个垫片都装在皮带轮的两个半片中间时，风扇皮带轮转动外径最小，这时风量最大；两个垫片在皮带轮外侧装一个，在皮带轮两半片中间装另一个时，则为新机出厂时的装配状态，即标准状态（通常作业状态）。

作业过程中，如出现谷粒中草屑、杂物、碎粒过多时，风量应调强位；如出现筛面跑粮较多，风量应调至弱位，风扇风量调节如图 3-6 所示。

3. 清粮筛（振动筛）的调节

清粮筛为百叶窗式，合理调整筛子叶片开度，可以取得理想的清粮效果。

作业中，喂入量大（高速作业）、作物潮湿、筛面跑粮多、稻麸或损伤谷粒多时，筛子叶片开度应向大的方向调，直至符合要求为止。当出现筛选不良时（带芒、枝梗颗粒较多、断穗较多、碎草较多）时，筛子叶片开度应向小的方向调，直至满

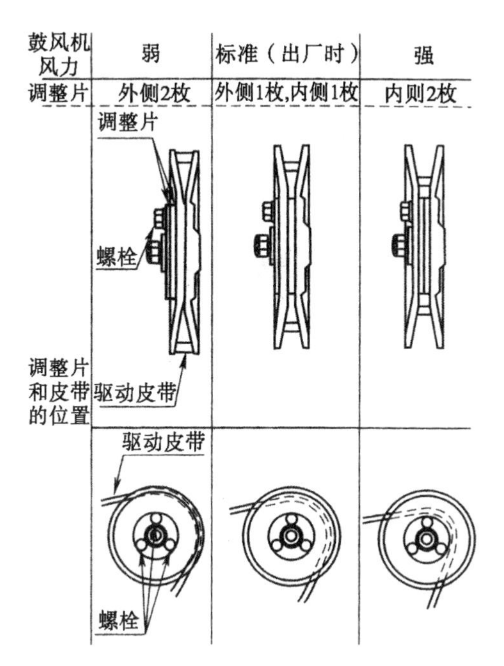

图 3-6　风扇风量调节

意为止。筛子叶片开度的调整方法如图 3-7 和图 3-8 所示，拧松调整板螺栓（两颗），调整板向左移，筛片开度（间隙）变小（闭合方向）；向右移动，筛子叶片开度变大（即打开方向）。

4. 筛选箱增强板的调整

新机出厂时，增强板装在标准位置（通常收割作业位置）。作业中出现筛面跑粮较多时，增强板向前调，直至上述现象消失。

5. 弓形板的更换

根据作业需要，在弓形板的位置上可换装导板。新机出厂时，安装的是弓形板（两块）、导板（两块）为随车附件。作业中，当出现稻秆损伤较严重时，可换装导板。通常作业装弓形板。

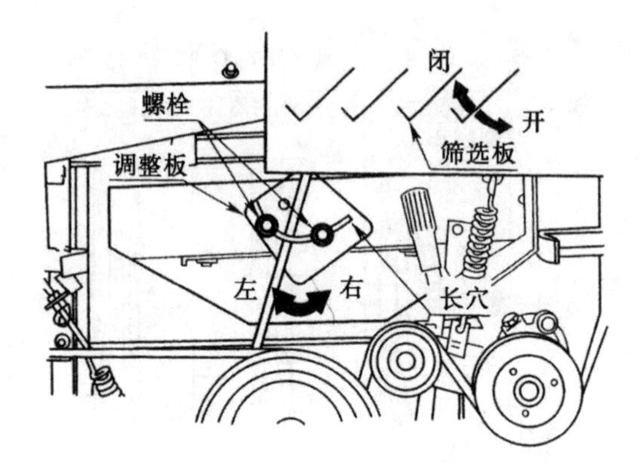

图 3-7　清粮筛片开度调节（一）

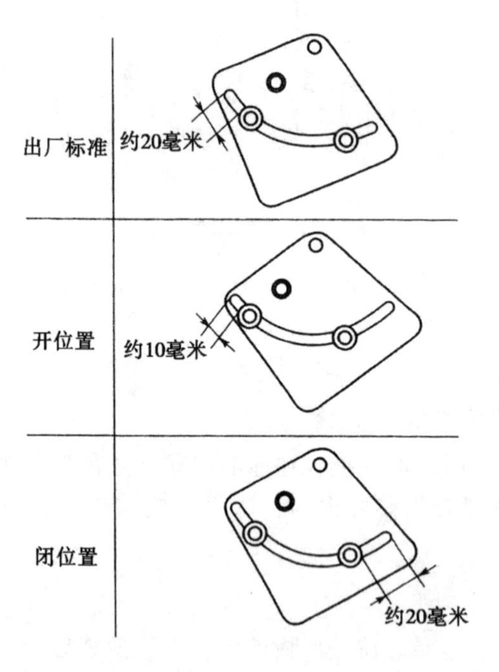

图 3-8　清粮筛片开度调节（二）

6. 筛选板的调整

新机出厂时，筛选板装配在标准位置（中间位置），如图3-9所示。作业中，排尘损失较多时，应向上调，收割潮湿作物和杂草多的田块，适当向下调，直至满意为止。

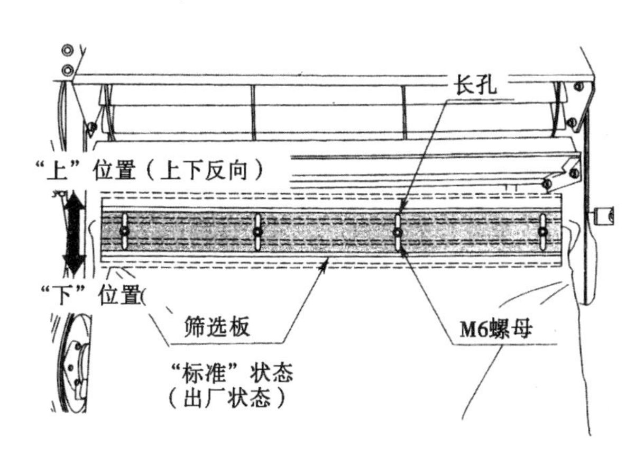

图3-9　筛选板的位置调节

三、半喂入式水稻联合收割机的维护保养

（一）作业前后要全面保养检修

水稻收获季节时间紧迫，因此收获机械在收获季节之前一定要经过全面拆卸检查，这样才能保证作业期间保持良好的技术状态，不误农时。

1. 行走机构

按规定，支重轮轴承每工作500小时要加注机油，1 000小时后要更换。但在实际使用中，有些收割机工作几百小时就出现轴承损坏的情况，如果没及时发现，很快会伤及支架上的轴套，修理比较麻烦。因此在拆卸后，要认真检查支重轮、张紧轮、驱动轮及各轴承组，如有松动、异常，不管是否达到使用期限都要及时更换。橡胶履带使用更换期限按规定是800小时，但由于履带价格较高，一般都是坏了才更换，平时使用中应多注意防护。

2. 割脱部分

谷粒竖直输送螺旋杆使用期限为400小时，再筛选输送螺旋杆为1 000小时，在拆卸检查时，如发现磨损量太大则要更换，有条件的可堆焊修复后再用。收割时如有割茬撕裂、漏割现象，除检查调整割刀间隙、更换磨损刀片外，还要注意检查割刀曲柄和曲柄滚轮，磨损量太大时会因割刀行程改变而受冲击，影响切割质量，应及时更换。割脱机构有部分轴承组比较难拆装，所以在停收保养期间应注意检查，有异常情况的应予以更换，以免作业期间损坏而耽误农时。

（二）每班保养

每班保养是保持机器良好技术状态的基础，保养中除清洁、润滑、添加和紧固外，及时的检查能发现小问题并予以纠正，可以有效地预防或减少故障的发生。

（1）检查柴油、机油和水，不足时应及时添加符合要求的油、水。

（2）检查电路，感应器部件如有被秸秆杂草缠堵的应予清除。

（3）检查行走机构，清理泥、草和秸秆，橡胶履带如有松弛应予调整。

（4）检查收割、输送、脱粒等系统的部件，检查割刀间隙、链条和传动带的张紧度、弹簧弹力等是否正常。在集中加油壶中加满机油，对不能由自动加油装置润滑的润滑点，一定要记住用人工加油润滑。

（5）清洁机器，检查机油冷却器、散热器、空气滤清器、防尘网以及传动带罩壳等处的部件，如有灰尘、杂草堵塞应予清除。

日保养前必须关停机器，将机器停放在平地上进行，以PRO488（PRO588）久保田联合收割机为例，检查内容见表3-1和表3-2。

表 3-1 PRO488（PRO588）久保田联合收割机日常维护保养

	检查项目	检查内容	采取措施
检查机体的周围	机体各部	1. 是否损伤或变形 2. 螺栓及螺母是否松动或脱落 3. 油或水是否泄漏 4. 是否积有草屑 5. 安全标签是否损伤或脱落	1. 修理或更换 2. 拧紧或补充 3. 固定紧软管或阀门的安装部位，或更换零部件 4. 清扫 5. 重贴新的标签
检查机体的周围	蓄电池、消声器、发动机、燃油箱各配线部的周围	是否有垃圾、或者机油附着以及泥的堆积	清理
	燃料	是否备有足够作业的燃料	补充（0#）优质柴油
	割刀、各链条	—	加油
	割刀、切草器刀	刀口是否损伤	更换
	履带	是否松动或损伤	调整或更换
	进气过滤器	是否堆积了灰尘	清扫
	防尘网	是否堵塞	清扫
	收割升降油箱	油量是否在规定值间（机油测量计的上限值和下限值之间）	补充久保田纯机油 UDT 到规定量
	脱粒网	是否有极端的磨损或破损	改装或更换

（续表）

<table>
<tr><th></th><th colspan="2">检查项目</th><th>检查内容</th><th>采取措施</th></tr>
<tr><td rowspan="5">发动机室</td><td colspan="2">风扇驱动皮带</td><td>是否松动，是否损伤</td><td>调整，更换</td></tr>
<tr><td colspan="2">发动机机油</td><td>油量是否在规定值间（机油测量计的上限值和下限值之间）</td><td>补充到规定量（久保田纯机油 D30 或 D10W30）</td></tr>
<tr><td rowspan="3">散热器</td><td>冷却水</td><td>预备水箱水量是否在规定值间（水箱的 FULL 线和 LOW 线间）</td><td>补充清水（蒸馏水）到规定值</td></tr>
<tr><td>散热片</td><td>是否堵塞</td><td>清扫</td></tr>
<tr><td>蓄电池</td><td>发动机是否启动</td><td>充电或更换</td></tr>
<tr><td rowspan="2">主开关</td><td rowspan="2">仪表板</td><td>机油指示灯</td><td rowspan="2">操作各开关，指示灯是否点亮</td><td rowspan="2">检查灯丝、熔断器是否熔断，再进行更换或连接、蓄电池充电或更换</td></tr>
<tr><td>充电指示灯</td></tr>
<tr><td rowspan="10">启动发动机</td><td rowspan="4">仪表板</td><td>燃料指示灯</td><td rowspan="3">指示灯是否熄灭</td><td>补充（$0^{\#}$）优质柴油</td></tr>
<tr><td>机油指示灯</td><td>补充机油到规定值</td></tr>
<tr><td>充电指示灯</td><td>调整或更换</td></tr>
<tr><td>转速灯</td><td>转速针是否正常</td><td>调整或更换</td></tr>
<tr><td colspan="2">脱粒深浅控制装置</td><td>脱粒深浅链条的动作是否正常</td><td>检查熔断丝是否熔断，接线是否断开，更换或连接</td></tr>
<tr><td colspan="2">各操作杆</td><td>各操作杆的动作是否正常</td><td>调整</td></tr>
<tr><td colspan="2">停车刹</td><td>游隙量是否适当</td><td>调整</td></tr>
<tr><td colspan="2">发动机消声器</td><td>有杂音否，排气颜色是否正常</td><td>调整或更换</td></tr>
<tr><td colspan="2">割刀、各链条</td><td>加油后是否有异常</td><td>调整或更换</td></tr>
<tr><td colspan="2">停止拉杆</td><td>发动机是否停止</td><td>调整</td></tr>
</table>

表 3-2　检查与加油（水）

项目	检查项目	措施	检查、更换期（时间表显示的时间）		容量规定量	种类
			检查	更换		
燃油	燃料箱	加油	作业前后	—	容量 50 升	优质柴油
水液	脱粒链条驱动箱			—		久保田纯正机油 M80B、M90 或 UDT
机油	发动机	补充更换	作业后	每 100 小时	容量 7 升，规定量：机油标尺的上限和下限之间	久保田纯正机油 UDT
	传动箱	补充更换	—	初次 50 小时，第 2 次后每 300 小时	容量 6.5 升，规定量：油从检油口稍有溢出	
	油压油箱	补充	—	初次 50 小时，第 2 次后每 400 小时	容量 19.3 升，规定量：油从检油口稍有溢出	
	收割升降机油箱	补充更换	作业前后	初次 50 小时，第 2 次后每 400 小时	容量 1.6 升，规定量：机油标尺的上限和下限之间	
	脱粒齿轮油箱	补充更换	—	初次 50 小时，第 2 次后分解	容量 19.3 升，规定量：油从检油口稍有溢出	
	割刀驱动箱	补充	分解时	—	容量 0.6~0.7 升	久保田纯正机油
水液	割刀、扶持链、穗端、茎端、脱粒、深浅、供给、排草茎端、穗端链条及张紧支承部	加油	作业前后	—	容量 0.3 升适量	久保田纯正机油 D30、D10W30 或 M90
	冷却水（备用水箱）			冬季停止使用时，排除或加入 50%的不冻液	规定值：水箱侧面 L（下限）和 F（上限）之间	清水或久保田不冻液
	蓄电池液		收割季节		规定值：蓄电池侧面下限和上限之间	蒸馏水

（续表）

<table>
<tr><th rowspan="2">项目</th><th rowspan="2" colspan="2">检查项目</th><th rowspan="2">措施</th><th colspan="2">检查、更换期（时间表显示的时间）</th><th rowspan="2">容量规定量</th><th rowspan="2">种类</th></tr>
<tr><th>检查</th><th>更换</th></tr>
<tr><td rowspan="4">黄油</td><td>行走部</td><td>载重滚轮轴承</td><td>补充</td><td>—</td><td>第500小时加油</td><td rowspan="2">适量</td><td rowspan="2">久保田黄油</td></tr>
<tr><td rowspan="2">收割部</td><td>收割部支撑座、脱粒深浅、链条驱动箱</td><td rowspan="3"></td><td>—</td><td>第200小时加油</td></tr>
<tr><td>收割齿轮箱、各齿轮箱</td><td></td><td rowspan="2"></td><td rowspan="2">规定量*</td><td rowspan="2"></td></tr>
<tr><td>脱粒部</td><td>各齿轮箱</td><td>收割季节前后</td></tr>
</table>

注： * 各部分机油、黄油的补充和更改：

①检查时，请将机器停在平坦的地方。如果地面倾斜，测量不能正确显示；

②发动机机油的检查，必须在发动机停止5分钟后进行；

③使用的机油、黄油必须是指定的久保田纯正机油、黄油。

（三）定期维护

半喂入式联合收割机按工作小时数确定技术维护和易损件的更换，使技术维护向科学、合理、实际的方向发展。目前，装有计时器是联合收割机较普遍采用的一种方法。

注意事项：

（1）半喂入式联合收割机装有先进的自动控制装置，当机器在作业过程中发生温度过高、谷仓装满、输送堵塞、排草不畅、润滑异常以及控制失灵等现象时，都会通过报警器报警和指示灯闪烁向机手提出警示，这时，机手一定要对所警示的有关部位进行检查，找出原因，排除故障后再继续作业。

(2) 在泥脚太深（超过15厘米）的水田里作业容易陷车，不要进田收割，可先人工收割，后机脱。

(3) 切割倒伏贴地的稻禾，对扶禾机构、切割机构损害很大，不宜作业。

(4) 橡胶履带在日常使用中要多注意防护，如跨越高于10厘米的田埂时应在田埂两边铺放稻草或搭桥板，在砂石路上行走时应尽量避免急转弯等。

(5) 不要用副调速手柄的高速挡进行收割，否则很可能导致联合收割机发生故障。

四、常见故障及排除方法

水稻联合收割机常见故障及排除方法见表3-3。

表3-3　水稻联合收割机常见故障及排除方法

故障现象	产生原因	排除方法
割茬不齐	1. 作物的条件不适合 2. 田块的条件不适合 3. 机手的操作不合理 4. 割刀损伤或调整不当 5. 收割部机架有无撞击变形	1. 更换作物 2. 检查田块的条件 3. 正确操作 4. 更换割刀或正确调整 5. 修复收割部机架或更换
不能收割而把作物压倒	1. 作物不合适 2. 收割速度过快 3. 割刀不良 4. 扶起装置调整不良 5. 收割皮带张力不足 6. 单向离合器不良 7. 输送链条松动、损坏 8. 割刀驱动装置不良	1. 更换作物 2. 降低收割速度 3. 调整或更换割刀 4. 调整分禾板高度 5. 皮带调整或更换 6. 更换 7. 调整或更换输送链条 8. 换割刀驱动装置

（续表）

故障现象	产生原因	排除方法
不能输送作物、输送状态混乱	1. 作物不适合 2. 机手操作不当 3. 脱粒深浅位置不当 4. 喂入装置不良 5. 扶禾装置不良 6. 输送装置不良	1. 更换作物 2. 副变速挡位置于“标准” 3. 脱粒深浅位置用手动控制对准“▼” 4. 爪形皮带、喂入轮、轴调整或更换 5. 正确选用扶禾调速手柄挡位、调整或更换扶禾爪、扶禾链、扶禾驱动箱里轴和齿轮 6. 调整或更换链条、输送箱的轴、齿轮
收割部不运转	1. 输送装置不良 2. 收割皮带松 3. 单向离合器损坏 4. 动力输入平键、轴承、轴损坏	1. 调整或更换各链条、输送箱的轴、齿轮 2. 调整或更换收割皮带 3. 更换单向离合器 4. 调整或更换爪形皮带、喂入轮、轴
筛选不良——稻麦有断草/异物混入	1. 发动机转速过低 2. 摇动筛开量过大 3. 鼓风机风量太弱 4. 增强板调节过开	1. 增大发动机转速 2. 减小摇动筛开量 3. 增大鼓风机风量 4. 增强板调节得小些
稻麦谷粒破损较多	1. 摇动筛开量过小 2. 鼓风机风量太强 3. 搅龙堵塞 4. 搅龙叶片磨损	1. 增大摇动筛开量 2. 减小鼓风机风量 3. 清理 4. 更换或修复
稻谷中小枝梗，麦粒不能去掉麦芒、麦麸	1. 发动机转速过低 2. 摇动筛开量过大 3. 脱粒室排尘过大 4. 脱粒齿磨损	1. 增大发动机转速 2. 减小摇动筛开量 3. 清理排尘 4. 更换

（续表）

故障现象	产生原因	排除方法
抛撒损失大	1. 作物条件不适合 2. 机手操作不合理 3. 摇动筛开量过小 4. 鼓风机风量太强 5. 摇动筛后部筛选板过低 6. 摇动筛橡胶皮安装不对 7. 摇动筛增强板位置过闭 8. 摇动筛 1 号、2 号搅龙间的调节板位置过下	1. 更换作物 2. 正确操作 3. 增大摇动筛开量 4. 减小鼓风机风量 5. 增高摇动筛后部筛选板 6. 重新安装 7. 调整摇动筛增强板位置 8. 调整摇动筛 1 号、2 号搅龙间的调节板位置
破碎率高	1. 作物过于成熟 2. 助手未及时放粮 3. 发动机转速过高 4. 脱粒滚筒皮带过紧 5. 脱粒排尘调节过闭 6. 搅龙堵塞 7. 搅龙磨损	1. 及早收获作物 2. 及时放粮 3. 减小发动机转速 4. 调整脱粒滚筒皮带 5. 调整脱粒排尘装置 6. 清理 7. 更换或修复
2 号搅龙堵塞	1. 作物过分潮湿 2. 机手操作不合理 3. 摇动筛开量过闭 4. 鼓风机风量过弱 5. 脱粒部各驱动皮带过松 6. 搅龙被异物堵塞 7. 搅龙磨损	1. 晾晒 2. 正确操作 3. 调整摇动筛开量 4. 增大鼓风机风量 5. 调紧脱粒部各驱动皮带 6. 清理搅龙 7. 更换或修复
脱粒不净	1. 作物条件不符 2. 机手操作不合理 3. 脱粒深浅调节不当 4. 发动机转速过低 5. 分禾器变形 6. 脱粒、滚筒皮带过松 7. 排尘手柄过开 8. 脱粒齿、脱粒滤网、切草齿磨损	1. 更换作物 2. 正确操作 3. 正确调整 4. 增大发动机转速 5. 修复或更换 6. 调紧脱粒、滚筒皮带 7. 正确调整排尘手柄 8. 更换或修复

（续表）

故障现象	产生原因	排除方法
脱粒滚筒经常堵塞	1. 作物条件不符 2. 脱粒部各驱动皮带过松 3. 导轨台与链条间隙过大 4. 排尘手柄过闭 5. 脱粒齿与滤网磨损严重 6. 切草齿磨损 7. 脱粒链条过松	1. 更换作物 2. 调紧脱粒部各驱动皮带 3. 减小导轨台与链条间隙 4. 调整排尘手柄 5. 更换 6. 更换或修复切草齿磨损 7. 调紧脱粒链条
排草链堵塞	1. 排草茎端链过松或磨损 2. 排草穗端链不转或磨损 3. 排草皮带过松 4. 排草导轨与链条间隙过大 5. 排草链构架变形	1. 调紧排草茎端链或更换 2. 正确安装或更换 3. 调紧排草皮带 4. 减小排草导轨与链条间隙 5. 修复或更换排草链构架

第二节　谷物联合收割机的使用与维护

一、谷物联合收割机的构造及工作过程

谷物联合收割机的机型很多，其结构也不尽相同，但其基本构造大同小异。现以约翰迪尔佳联自走式联合收割机为例，说明其构造和工作过程。

JL-1100 自走式联合收割机结构如图 3-10 所示。其主要由割台、脱粒（主机）、发动机、液压系统、电气系统、行走系统、传动系统和操纵系统八个部分组成。

（一）收割台

为适应系列机型和农业技术要求，割台割幅有 3.66 米、4.27 米、4.88 米、5.49 米 4 种及大豆挠性割台。割台由台面、拨禾轮、切割器、割台推运器等组成。

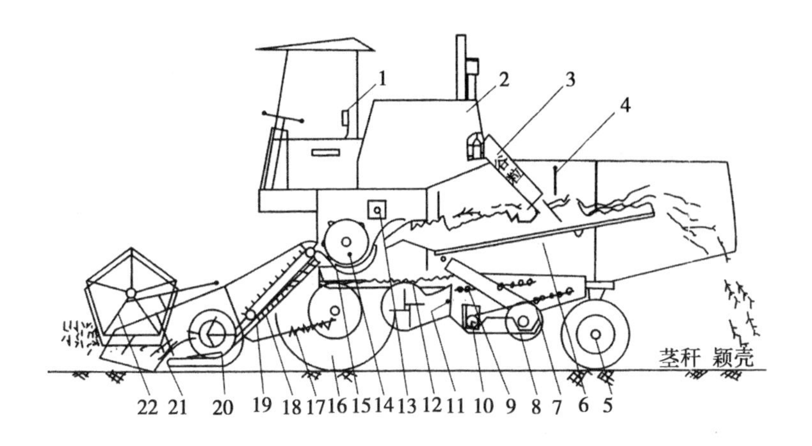

图 3-10　自走式联合收割机的结构示意图

1. 驾驶室倾斜输送器　2. 发动机　3. 卸粮管　4. 挡帘　5. 转向轮　6. 逐稿器　7. 下筛　8. 杂余推运器　9. 上筛　10. 粮食推运器　11. 风扇　12. 阶梯状输送器　13. 逐稿轮　14. 滚筒　15. 凹板　16. 驱动轮　17. 割台升降油缸　18. 斜输送器　19. 输送链耙　20. 割台螺旋推运器和伸缩扒齿　21. 切割器　22. 拨禾轮

（二）脱粒部分

脱粒部分由脱粒机构、分离机构及清选机构、输送机构等构成。

（三）发动机

该机采用法国纱朗公司生产的 6359TZ02 增压水冷直喷柴油机，功率为 110 千瓦（150 马力）。

（四）液压系统

该机液压系统由操纵和转向两个独立系统所组成，分别对割台的升降和减震，拨禾轮的升降，行走的无级变速，卸粮筒的回转，滚筒的无级变速及转向进行操纵和控制。

（五）电气系统

电气系统分电源和用电两大部分。电源为一只 12 伏

6-Q-126型蓄电池和一个9管硅整流发电机。用电部分包括启动马达、报警监视系统、拨禾轮调速电动机、燃油电泵、喷油泵电磁切断阀、电风扇、雨刷、照明装置等。

（六）行走系统

行走系统由驱动、转向、制动等部分组成。驱动部分使用双级增扭液压无级变速、常压单片离合器、四挡变速箱、一级直齿传动边减系统。制动器分脚制动式和手制动式，为盘式双边制动器，由单独液力系统操纵。转向系统采用液力转向方式。

（七）传动系统

动力由发动机左侧传出，经皮带或链条传动，传给割台、脱粒部分工作部件和行走部分。

（八）操纵系统

操纵系统主要设置在驾驶室内，联合收割机工作过程，如图3-11所示。

二、谷物联合收割机的使用调整

（一）割台的使用调整

割台的作用是完成作物的切割和输送，普通割台的割幅有两种可供选择，分别是2.75米和2.5米，大豆割台是整体挠性割台，割幅是2.75米，割台性能优良，可靠性强，优于同类机型。下面叙述的是普通型割台的使用，根据当地谷物收获的需要，自行选择割茬高度，通过升降来调整。一般割茬高度在100~200毫米，在允许的情况下，割茬应尽量高一些，有利于提高联合收获机的作用效率。

1. 拨禾轮的使用与调整

3080型联合收割机装配的是偏心弹齿式拨禾轮，这种拨禾轮性能优良，尤其是收割倒伏作物，它有多个调整项目，使用中应多加注意。

（1）拨禾轮转速的调整有两处。一是链条传动，链条挂接

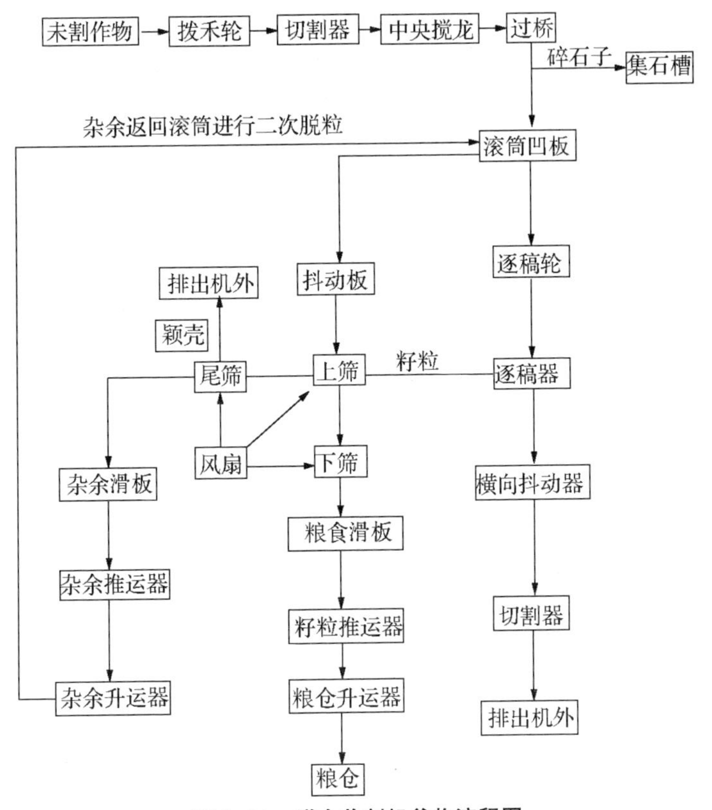

图 3-11　联合收割机谷物流程图

在不同齿数的链轮上可以获得不同的转速；二是带传动，通过 3 根螺栓可以调整带盘的开度，调整后应重新张紧传动带。

（2）拨禾轮转速的选择取决于主机行进速度，行进速度越快，拨禾轮转速越快。但应避免拨禾轮转速过高造成落粒损失。一般拨禾轮应稍微向后拨动一下作物，将作物平稳地铺放到割台上。

（3）拨禾轮高度应与作物的高度相适应，通过液压手柄随时调整。为了平稳地输送作物，拨禾轮齿把管应当拨在待割作物的重心处，即应拨在从割茬往上作物的大约 2/3 高处。保证作物平稳输送是割台使用的基本要求。

(4) 当收割倒伏作物时，在割台降低的同时，应将拨禾轮调整到很低的位置，拨禾轮上的弹齿可以非常接近地面，在拨禾轮相对主机速度较高的情况下，弹齿将倒伏作物提起，然后进行切割。

(5) 普通割台为了适应各种不同秸秆长度的要求，拨禾轮前后位置的调整范围较大。一般收割稻麦等短秸秆作物时，应将拨禾轮的位置调到支臂定位孔的后数第一、第二或第三个孔上，使拨禾轮与中央搅龙之间的距离变得较小，防止作物堆积，使喂入顺畅。

(6) 拨禾轮齿耙管上安装有许多弹齿，通过偏心装置能够调整其方向，弹齿方向一般应与地面垂直。当收割倒伏作物或者收割稀疏矮小作物时，应调整至向后倾斜，以利于作物的输送。弹齿方向的调整方法是松开两个可调螺栓，扳动偏心盘以改变弹齿方向，然后拧紧螺母。

(7) 拨禾轮支承轴承是滑动轴承，为防止缺油造成磨损，每天应向轴承注油 1~2 次。

2. 切割器的使用与调整

切割器是往复式的，有较强的切割能力，可保证在 10 千米/小时的作业速度下没有漏割现象。动刀片采用齿形自磨刃结构，刀片用铆钉铆在刀杆上，铆钉孔直径为 5 毫米。

在护刃器中往复运动的刀杆在前后方向上应当有一定的间隙。如果没有间隙，刀杆运动会受阻，但如果间隙过大，间隙中塞上杂物，刀杆的运动也会受阻。刀杆前后间隙应调整到约 0.8 毫米，调整时松开刀梁上的螺栓，向前或向后移动摩擦片即可。

动刀片与定刀片之间为切割间隙，此间隙一般为 0~0.8 毫米，调整时可以用手锤上下敲击护刃器，也可以在护刃器与刀梁之间加减垫片。

摇臂和球是振动量较大的零部件，每天应当对该处的3 个油嘴注入润滑脂。

3. 中央搅龙的调整与使用

中央搅龙及其伸缩齿与割台体构成推运器，调整好中央搅龙的位置和输送间隙能够使作物喂入顺利。

（1）如果搅龙前方出现堆积现象，可向前和向下移动中央搅龙。调整时，松开两侧调整板螺栓，移动调整板，此时中央搅龙也随之移动。两侧间隙要调整一致，调整后要紧固好螺栓，并且要重新调整传动链条的松紧度。

（2）如果中央搅龙的运动造成谷物回带，可适当后移中央搅龙，使搅龙叶片与防缠板之间间隙变小。

（3）如果中央搅龙叶片与割台底板之间有堵塞现象，可通过搅龙调整板减小搅龙叶片下方的间隙。

（4）伸缩齿与底板之间间隙越小，抓取能力越强，间隙可调整到 5～10 毫米。调整部位是右侧的调整手柄，松开螺栓后，向上扳伸缩齿向下，向下扳伸缩齿向上，调整后紧固螺栓。

（5）为了避免因为中央搅龙堵塞造成故障，在搅龙的传动轴上装有摩擦片式安全离合器，出厂时弹簧长度调整到 37 毫米；作业中可根据具体情况适当调整。弹簧的张紧度应当使正常运转时摩擦片不滑转，当中央搅龙堵塞，并且扭矩过大有可能造成损坏时，摩擦片滑转。安全离合器是干式的，不要加润滑油，否则无法使用。

4. 倾斜输送器（过桥）的使用与调整

过桥将割台和主机衔接起来，并用输送器和链耙输送谷物。带动输送链的主动辊，其位置是固定的；被动辊的位置不确定，随着谷物的多少而浮动，在弹簧的作用下，浮动辊及其链耙始终压实作物，形成平稳的谷物流。

（1）非工作时间的间隙。收割稻麦等小籽粒作物时，浮动辊正下方链耙齿与过桥底板之间距离应为 3～5 毫米；收割大豆等大籽粒作物时，这个间隙应为 15～18 毫米。调整时拧动过桥两侧弹簧上端的螺母即可。

（2）输送链张紧度的调整。打开检视口，用 150 牛的力向上提输送链，应能提起 20～35 毫米，否则应拧动过桥两侧的调整螺栓，调整浮动辊的前后位置，使输送链张紧度适宜。过桥的主动轴上有防缠板，不要拆除。

（二）脱粒机构的使用与调整

谷物经过倾斜输送器输送到由滚筒和凹板组成的脱粒机构后，在滚筒和凹板冲击、揉搓下，籽粒从秸秆上脱下，滚筒转速越高，凹板与滚筒之间的间隙越小，脱粒能力越强。反之，脱粒能力越弱。

针对不同作物的收获，脱粒滚筒有 1 200、1 000、900、833、760、706、578 转/分 7 种转速可供选择。上述 7 种转速是通过更换主动带轮与被动带轮来实现的，各转速相应的主、被动带轮外径分别为 385 毫米、275，355 毫米、305，330 毫米、305，330 毫米、330，305 毫米、330，305 毫米、355，275 毫米、380 毫米。收获小麦时，用 1 000 转/分或 1 200 转/分；收获水稻时，用 1 000、900、833、760 转/分或706 转/分钟。收获水稻时用的是钉齿滚筒和钉齿凹板。为了发挥 3080 型收割机的最佳性能，收割大豆时需要更换传动件以改变滚筒转速。右侧三联带传动的两个三槽带盘，主动盘换成直径 202 毫米，被动盘换成直径 332 毫米，使分离滚筒转速变为 600 转/分，传动带由 S24314 型换成 D19002 型。第一滚筒传动带盘，主动盘换成直径 305 毫米，被动盘换成直径 355 毫米，使脱粒滚筒转速变为 706 转/分。第二滚筒左侧链传动的被动链轮由 25 齿换成 18 齿。过桥主动轴右侧带盘换成直径 218 毫米，传动带由 S60018 型换成 D19003 型。

使用中，发动机必须用大油门工作。如转速不足应检查发动机的空气滤清器和柴油滤清器是否堵塞，传动带是否过松。此外，收割机不要超负荷作业，否则将堵塞滚筒，清理堵塞很费时间。一旦滚筒堵塞，不要强行运转，否则会损坏滚筒的传动带，此时应将凹板间隙放大，从滚筒的前侧进行清理。

使用脱粒滚筒应遵循以下原则。

（1）收割前期或谷物潮湿时，凹板间隙调整手柄应扳到相对靠上的位置，此时凹板间隙较小；收割的作物逐渐干燥时，手柄应扳到靠下的位置，使凹板间隙大些。

（2）只要能够脱净，凹板间隙越大越好。是否脱净，要看第二滚筒的出草口是否夹带籽粒，如出草口带籽粮，证明籽粒已经脱净。用凹板调整手柄调整凹板间隙是较常用方法，也可以通过凹板吊杆调整凹板间隙，调整时，要两侧同时进行，以便保持间隙一致。

（三）分离机构的使用与调整

谷物经过脱粒滚筒时，有75%~85%的籽粒被脱下，并且有少部分籽粒从凹板的栅格中分离出来。从滚筒凹板的出口处抛出的物料进入第二滚筒，即轴流滚筒，轴流滚筒具有复脱作用，同时完成籽粒的分离工作。在滚筒高速旋转的冲击和凹板配合的揉搓下，剩余籽粒被逐渐脱下，在离心力的作用下，籽粒和部分细小的物料在凹板中被分离出来。构成轴流滚筒壳体的下半部分是栅格式凹板，上半部分是带有螺旋导向叶片的无孔滚筒壳体，稻草等物料在高速旋转的同时，在导向叶片的作用下，沿着轴向被推出滚筒的排草门。

在保证脱粒和分离性能的情况下，应使稻秆尽可能完整，从而使下一级的清选系统中的物料尽可能少一些，以减少清选系统的负荷。实现这一点的重要方法是尽可能使第一滚筒的脱粒能力弱一些。

分离滚筒与凹板间的间隙，在收割水稻时，应从一般的40 毫米调整为 15 毫米，调整后紧固螺母，并用手转动检查有无刮碰。

（四）清选系统的使用与调整

清选系统包括阶梯板、上筛、下筛、尾筛、风扇和筛箱等。阶梯板、上筛和尾筛装在上筛箱中，下筛装在下筛箱中，采用上、下筛交互运动方式，有效地消除了运动的冲击，平衡了惯性力，清选面积大，而且具有多种调整机构，通过调整能达到最佳清选效果。

1. 筛片开度的选择

鱼鳞筛筛片开度可以调整，调整部位是筛子下方的调整杆。所谓开度，是指每两片筛片之间的垂直距离。不同的作物应选择不同的开度。潮湿度大的选择较大的开度，潮湿度小的应选择较小的开度。一般上筛开度大些，下筛开度小些，尾筛的开度比上筛再稍微大一些，见表3-4。

表3-4　筛片开度的参考值　（单位：毫米）

类别	小麦	水稻	大豆	油菜
上筛	12～15	15～18	11～18	7～10
下筛	7～10	10～12	8～11	4～6
尾筛	14～16	15～18	11～18	10～14

2. 风量大小的选择

在各种物料中，颖壳密度最小，秸秆其次，籽粒最大。风扇的风量应当使密度较小的秸秆和颖壳几乎全部悬浮起来，与筛面接触的仅仅是籽粒和很少量的短秸秆，这时筛子负荷很小，粮食清洁。因此，选择风量时，只要籽粒不吹走，风量越大越好。

松开风扇轴端的螺母，卸下传动带带盘的动盘，在动、定盘之间增加垫片，装上动盘，然后紧固螺母，用张紧轮重新张紧传动带，这样调整后，风扇转速提高，风量增大；用相反的方法调整，风量减小。

3. 风向的选择

为了使整个筛面上都有一个适宜的风量，在风扇的出风口安装了导风板，使较大的下侧风量向上分流，将风量合理地导向筛子的各个位置。

在风箱侧面设有导风板调整手柄，收获稻麦等小籽粒作物时，导风板手柄置于从上数第一、第二凸台之间，风向处于筛子的中前部；收获大籽粒作物时，导风板手柄置于第二、第三凸台之间或第三、第四凸台之间，风向处于筛子的中后部位。

4. 杂余延长板的调整

筛子下方有籽粒滑板和杂余滑板，在杂余滑板的后侧有一杂余延长板，它的作用是对尾筛后侧的籽粒或杂余进行回收，降低清选损失。杂余延长板的安装位置有 3 个，松开两个螺栓，该板可以向上或向下窜动，位置合适后将两侧的销子插入某一个孔中。

在清选系统正确调整的情况下，应将销子插在后下孔中，这样安装的好处是使延长板与尾筛之间的距离相对大一些，在上筛和下筛之间的短秸秆能够顺利地从该处被风吹出来，避免了短秸秆被延长板挡在杂余滑板和杂余搅龙内，减少了杂余总量。

5. 杂余总量的限制

所谓杂余，是指脱粒机构没有脱下籽粒的小穗头，联合收割机设置了杂余回收和复脱装置。3080 型联合收割机这种杂余应当很少，如果杂余系统的杂余总量过多，则是非杂余成分如短秸秆和籽粒等进入了该系统，正确调整筛子开度、风量、风向以及杂余延长板，杂余量就会减少。杂余量过多会影响收割机的工作效果，而且加大杂余回收和复脱装置及其传动系统的负荷，可能会造成某些零部件的损坏，因此，保持杂余量较小是很重要的。

清选系统只有对各项进行综合调整，才能达到最佳状态。

（五）粮箱和升运器的使用与调整

（1）升运器输送链张紧度调整时，打开升运器下方活门，用手左右扳动链条，链条在链轮上能够左右移动，其张紧度适宜。否则，可以通过升运器上轴的上下移动来调整：松开升运器壳体上的螺栓（一边一个），用扳手转动调整螺母，使升运器上轴向上或向下移动，直到调好后再重新紧固螺母。输送链过松会使刮板过早磨损；过紧，会使下搅龙轴损坏。

（2）升运器的传动带张紧度要适宜，过松要丢转，过紧也会损坏搅龙轴。

（3）粮箱容积为1.9立方米，粮满时应及时卸粮，否则可能损坏升运器等零部件。

（4）粮箱的底部有一粮食推运搅龙，流入搅龙内的粮食流动速度由卸粮速度调整板调定。调整板与底板之间间隙的选择要视粮食的干湿程度和粮食的含杂率而定。湿度大的粮食开度应小些，反之应大些；开度不要过大，以防卸粮过快，造成卸粮搅龙损坏。

带有卸粮搅龙的联合收割机在卸粮时，发动机应当使用大油门，并且要一次把粮卸完，卸粮之前要把卸粮筒转到卸粮位置，如果没转到卸粮位置就卸粮容易损坏万向节等零部件。

不带卸粮筒的收割机在卸粮时，要先让粮食自流，当自流减小时，再接合卸粮离合器。应当指出，必须这样做，否则将损坏推运搅龙等零部件。

（六）行走系统的使用与调整

行走系统包括发动机的动力输出端、行走无级变速器、增扭器、离合器、变速箱、末级传动和转向制动等部分。

1. 动力输出端

动力输出端通过一条双联传动带将动力传递给行走无级变速器，通过三联传动带将动力传递给脱谷部分等。动力输出半轴通过两个注油轴承支承在壳体上，注油轴承应定期注油。使用期间应注意检查壳体的温度，如果温度过高，应取下轴承检查或更换。

2. 行走中间盘

行走中间盘里侧是一双槽带轮，通过一条双联传动带与动力输出端带轮相连接。外侧是行走无级变速盘，在某一挡位下增大或减小行走速度就是通过它来实现的。它包括动盘、定盘、螺柱及油缸等部件。

当要提高行走速度时，操纵驾驶室上的无级变速液压手柄，压力油进入油缸，推动油缸体，动盘向外运动，使动、定盘的开度变小，工作半径变大，行走速度提高。

拆变速带的方法：将无级变速器变到最大位置状态，将液压油管拆下，推开无级变速器的动盘，拆下变速带。

拆变速器总成的方法：拆下油缸，取出支板，拆下传动带，拧出螺栓，拆下变速器总成。

由于使用期间经常用无级变速，所以动、定盘轮毂之间需要润滑，它的润滑点在动盘上，要定期注油，否则会造成两轮毂过度磨损、无级变速失灵等故障。

3. 增扭器

自动增扭器既能实现无级变速，又能随着行走阻力的变化自动张紧和放松传动带，从而提高行走性能，延长机器零部件的使用寿命。

当增速时，行走带克服弹簧弹力，动盘向外运动，工作半径变小，实现大盘带小盘，行走速度增加。

当减速时，中间盘油缸内的油无压力，增扭弹簧推动动盘向定盘靠拢，行走带推动中间盘的动盘、螺柱、油缸体向里运动，实现小盘带大盘，转速下降。

由于增扭器的动、定盘轮毂和推力轴承运动频繁，应定期注油，增扭器侧面有润滑油嘴。

4. 离合器

离合器包括单片、常压式、三压爪离合器，它与增扭器安装在一起。

拆卸时，应先拆下前轮轮胎和两边减速器的两个螺栓，拧下增扭器端盖螺栓，取下端盖，松开变速箱主动轴端头的舌型锁片，卸下紧固螺母，然后取下离合器与增扭器总成。

如果需要分解，在分解离合器和增扭器之前，要在所有部件上打上对应的标记，以防组装时错位，因为它们整体作了动平衡校正，破坏了动平衡会损坏主动轴或变速带。

离合器拆装完以后应调整离合器间隙，调整时要注意：保证3个分离压爪到离合器壳体加工表面的垂直距离为(27 ± 0.5) 毫米，如距离不对或3个间隙不准、不一致，可通过分离杠杆上的调整螺钉进行调整。

分离轴承是装在分离轴承架上的，轴承架与导套间经常有相对运动，所以应保证它的润滑。离合器上方的油杯是为该处润滑的，在工作期间每天应向里拧一圈。

注意：这个油杯里装的是润滑脂，油杯盖拧到底后，应卸下，再向油杯里注满润滑脂。

离合器的使用要求是接合平稳、分离彻底。不要把离合器当作减速器使用，经常半踏离合器会导致离合器过热，造成损坏。有时离合器分离不彻底，可将离合器拉杆调短几毫米；也有可能是离合器连杆的连接锥销松动或失灵而造成的，应经常检查。

5. 变速箱

变速箱内有两根轴。它有3个前进挡，1个倒挡。Ⅰ挡速度为1.49~3.56千米/小时；Ⅱ挡速度为3.442~7.469千米/小时；Ⅲ挡速度为9.308~20.324千米/小时；倒挡速度为2.86~7.92千米/小时。

如果掉挡，应调整变速软轴。调整时，应先将变速杆置于空挡位置，然后再松开两根软轴的固定螺母，调整软轴长度，使变速手柄处于中间位置，紧固两根变速软轴，在驾驶室中检查各个挡位的情况。

对于新的收割机来说，变速箱工作100小时后应将齿轮油换掉，以后每过500小时更换一次。变速箱的加油口也是检查口，平地停车加油时应加到该口处流油为止。变速箱应加80W/90或85W/90齿轮油。末级传动的用油状况与变速箱相同。

6. 制动机构

制动机构上有坡地停车装置。如果收割机在坡地处停车，应踩下制动踏板，将锁片锁在驾驶台台面上，确认制动可靠后方可抬脚，正常行驶前应将锁片松开恢复到原来的状态。

制动器为蹄式，装在从动轴上。制动毂与从动轴通过花键连接在一起，制动蹄则通过螺栓装在变速箱壳体上。当踏下踏板时，制动臂推动制动蹄向外张开，并与制动毂靠紧，从而使从动轴停止转动，实现制动。制动间隙是制动蹄与制动毂之间的自由间隙，反映到脚踏板上，其自由行程应为20~30毫米，调整部位是制动器下方的螺栓。使用期间应经常检查制动连杆部位有无松动现象，如有问题应及时解决，以保证行车安全。

7. 转轮桥

正确调整转向轮前束可以防止轮胎过早磨损。调整时后边缘测量尺寸应比前边缘测量尺寸大6~8毫米，拧松两侧的紧固螺栓，转动转向拉杆即可调整转向前束。

8. 轮胎气压

驱动轮胎压为280千帕，转向轮胎压为240千帕。

三、谷物联合收割机使用注意事项

(一) 动力机构的使用注意事项

发动机是收割机的关键部件，要保证发动机各个零部件的状态良好，并严格按照发动机使用说明书的要求使用。

1. 润滑系统的使用注意事项

(1) 机油油位的检查。取出油尺，油位应在上下刻线之间。如果低于下刻线，会影响整台发动机的润滑，应当补充机油

(上边有机油加油口)。如果油位高于上刻线，应当将油放出(下边有放油口)，机油过多将会出现烧机油等故障。

(2) 机油标号的选择。3080 型收割机所配发动机要求使用机油的等级是 CC 级（这里的 CC 级和下面的 CD 级均是指品质等级，我国和美国所用的品质等级代号相同）柴油机油，其中玉柴发动机推荐使用 CD 级机油，夏季使用 SAE40 (编者注：这里的 SAE40 和下面的 SAE15W/40 等是指黏度等级，一般表示时不用前缀“SAE”。例如，品质等级为 CD 级、黏度等级为 40 号的机油，直接写作 CD40 机油即可)，冬季使用 SAE30 或 SAE20，也可使用 SAE15W/40，这种机油属于复合型机油，冬夏都可使用，机器出厂时加的就是 15W/40 机油。

2. 燃油系统的使用注意事项

(1) 柴油油号的选择。发动机要求使用 0 号以上的轻柴油，油号是 0 号、-10 号、-20 号、-35 号，油号也表示这种柴油的凝点，所选用的牌号要根据当地气温而定，保证所选用柴油的凝点比最低环境温度要低 5℃以上。

(2) 3080 型收割机油箱容量是 110 升，所加的柴油可达到滤网的下边缘，油箱不要用空。其下部是排污口。每天作业以后将沉淀 24 小时以上的柴油加入油箱，并在每天工作前，打开排污口，将沉淀下来的水和杂质放出。

(3) 柴油滤清器的保养。工作期间应根据柴油的清洁度定期清理柴油滤清器，不要在柴油机功率不足、冒黑烟的情况下才进行清理。清理柴油机滤清器时，应卸下滤芯，用柴油清洗干净。

3. 冷却系统的使用注意事项

冷却系统是保证发动机有正常工作温度的工作系统之一，它包括防尘罩、水箱、风扇和水泵等。

(1) 冷却水位的检查。打开水箱盖，检查水位是否达到散热片上边缘处，如不足应补充，否则将引起发动机高温。

(2) 冷却水的添加。停车加满水后，启动发动机，暖车后水箱的液面会下降，必须进行二次加水，否则将引起发动机高温。

（3）发动机有 3 个放水阀，分别在机体上、水箱下、机油散热器下，结冻前必须打开 3 个放水阀把所加的普通水放掉。

4. 进气系统的使用注意事项

进气系统是向发动机提供充足、干净空气的系统，为了达到这个目的，进气系统安装了粗滤器。粗滤器可以滤除空气中的大粒灰尘，保养时应经常清理皮囊内的灰尘。如发现发动机排气系统冒黑烟，并且功率不足，应清理空气细滤器，拧下端盖旋钮，取下端盖，然后取出滤芯清理。一般情况下，用简单保养方法即可，放在轮胎上，轻轻地拍击以除去灰尘。一般每天要进行两次保养。

（二）液压系统的使用注意事项

3080 型联合收割机的液压系统操纵的是割台升降、拨禾轮升降、行走无级变速和行走转向四个部分，是将发动机输出的机械能通过液压泵转换成液压能，通过控制阀，液压油再去推动油缸，从而重新转变成机械能去操纵相关部分。系统压力的大小取决于工作部件的负荷，即压力随着负载大小而变化。

（1）液压系统要求使用规定的液压油，品种和牌号是 N46 低凝稠化液压油，不可使用低品质液压油或其他油料，否则系统就会产生故障。

（2）液压油在循环中将源源不断地产生热量，油箱也是散热器，必须保证油箱表面的清洁，以免影响散热。油箱容积是 15 升。

（3）在各工作油缸全部缩回时，将油加到加油口滤网底面上方 10～40 毫米。要求 500 小时或收获季节结束时换液压油，同时更换滤清器。

（4）更换滤清器时可以手用力拧，也可用加力杠杆拧下。滤清器与其座之间的密封件要完好，安装前在密封件上应涂润滑油。拧紧时要在密封件刚刚压紧后再紧3/4~4/5圈，不要过紧，运转时如果漏油，可再紧一下。

（5）液压手柄在使用操作后应当能够自动回中，否则会使液压系统长时间高压回油，产生高温，造成零部件损坏。液压系统正常的使用温度不应超过60℃。

全液压转向机工作省力，正常使用动力转向只需5牛·米的扭矩，如果出现转向沉重现象应及时排除故障。

转向沉重的可能原因如下：液压油油量偏少；液压油牌号不正确或变质；液压泵内泄较严重；转向盘舵柱轴承生锈；转向机人力转向的补油阀封闭不严；转向机的安全阀有脏物卡住或压力偏低。

转向失灵的可能原因如下：弹簧片折断；拔销折断；联动轴开口处折断或变形；转子与联动轴的相互位置装错；双向缓冲阀失灵；转向油缸失灵。

另外，要注意转向机进油管和回油管的位置不可相互接反，否则将损坏转向机。

新装转向机的管路内常存有空气，在启动之前要反复向两个方向快速转动转向盘以排气。

（三）电气系统使用注意事项

3080型联合收割机的电气系统采用负极搭铁，直流供电方式，电压是12伏。

电气系统包括电源部分、启动部分、仪表部分和信号照明部分等，合理、安全使用电气部分有重要意义。

（1）启动用蓄电池型号是6-Q-165。要经常检查电解液液面高度，电解液液面高度应高于极板10~15毫米，如果因为泄漏而液面降低，应添加电解液，电解液的密度一般是1.285克/立方厘米；如果因为蒸发而液面降低，应添加蒸馏水。禁止添加浓硫酸或者质量不合格的电解液以及普通水。

（2）在非收获季节，要将蓄电池拆下，放在通风干燥处，每月充电一次。6-Q-165型蓄电池用不大于16.5安的电流充电。

（3）启动发动机以后，启动开关应能自动回位，如果不能自动回位，需要修理或更换，否则将烧毁启动电机。

（4）启动电机每次启动时间不允许超过10秒，每次启动后需停2分钟再进行第二次启动，连续启动不可超过4次。

（5）发电机是硅整流三相交流发电机，与外调节器配套使用。禁止用对地打火的方法检查发电机是否发电，要注意清理发电机上的灰尘和油垢。

（6）保险丝有总保险和分保险两种。总保险在发动机上，容量为30安；分保险在驾驶座下。禁止使用导线或超过容量的保险丝代替，以保证安全。

（7）使用前和使用中，注意检查各导线与电器的连接是否松动，是否保持良好接触。此外，应杜绝正极导线裸露搭铁，以保安全。

第三节　玉米果穗联合收割机的使用与维护

玉米是我国主要粮食作物之一，种植面积大，玉米收割机械的发展很快，近几年购买玉米收割机的用户日趋增多。然而玉米收割机技术含量高，对农民来说是一种新型农机具，而且玉米联合收割机结构复杂，运动部件多，作业环境差。农民对玉米收割机的使用和维护保养知识还比较缺乏。

一、玉米果穗联合收割机的构造及工作过程

约翰迪尔6488型玉米果穗联合收割机是约翰迪尔佳联收割机械有限公司在吸收国内外玉米果穗联合收割机技术的基础上，自主研发的玉米收割机械。该机设计新颖，在割台、剥皮、茎秆粉碎处理等方面进行大胆创新，适合我国东北玉米种植的农艺要求。该机可以一次完成玉米果穗收获的全过程作业。专用于玉米果穗收获，满足国内玉米收获水分过多、不易直接脱粒的特点。它具有结构紧凑、性能完善、作业效率高、作业质量

好等优点。

约翰迪尔 6488 型玉米果穗联合收割机主要由割台（摘穗）、过桥、升运器、剥皮机（果穗剥皮）、籽粒回收箱、粮箱、卸粮装置、传动装置、切碎器（秸秆还田）、发动机部分、行走系统、液压系统、电气系统和操作系统等组成，如图 3-12 所示。

图 3-12　约翰迪尔 6488 型玉米果穗联合收割机总体结构

当玉米果穗联合收割机进入田间收获时，分禾器从根部将禾秆扶正并导向带有拨齿的拨禾链，拨禾链将茎秆扶持并引向摘穗板和拉茎辊的间隙中，每行有一对拉茎辊将禾秆强制向下方拉引。在拉茎辊上方设有两块摘穗板。两板之间间隙（可调）较果穗直径小，便于将果穗摘落。已摘下的果穗被拨禾链带到横向搅龙中，横向搅龙再把它们输送到倾斜输送器，然后通过升运器均匀地送进剥皮装置，玉米果穗在星轮的压送下被相互旋转的剥皮辊剥下苞叶，剥去苞叶的果穗经抛送轮拨入果穗箱；苞叶经下方的输送螺旋推向一侧，经排茎辊排出机体外。剥皮过程中部分脱落的籽粒回收在籽粒回收箱中，当果穗集满后，由驾驶员控制粮箱翻转完成卸粮；被拉茎秆连同剥下的苞叶被切碎器切碎还田。

二、玉米果穗联合收割机的使用与调整

（一）割台

割台主要由分禾器、摘穗板、拉茎辊、拨禾链、齿轮箱、

中央搅龙、橡胶挡板组成。

1. 分禾器的调节

作业状态时，分禾器应平行地面，离地面 10~30 厘米；收割倒伏作物时，分禾器要贴附地面仿形；收割地面土壤松软或雪地时，分禾器要尽量抬高防止石头或杂物进入机体内。

收割机公路行走时，需将分禾器向后折叠固定，或拆卸固定，可防止分禾器意外损坏。分禾器通过开口销（B）与护罩连接，将开口销（B）、销轴（A）拆除，即可拆下分禾器。

2. 挡板的调节

橡胶挡板（A）的作用是防止玉米穗从拨禾链内向外滑落，造成损失。当收割倒伏玉米或在此处出现拥堵时，要卸下挡板，防止推出玉米。卸下挡板后，与固定螺栓一起存放在可靠的地方保留。

3. 喂入链、摘穗板的调节

喂入链的张紧度是由弹簧自动张紧的。弹簧调节长度 L 为 11.8~12.2 厘米。摘穗板（B）的作用是把玉米穗从茎秆上摘下。安装间隙：前端为 3 厘米，后端为 3.5~4 厘米。摘穗板（B）开口尽量加宽，以减少杂草和断茎秆进入机器。

4. 拉茎辊间隙调整

拉茎辊用来拉引玉米茎秆。拉茎辊位于摘穗架的下方，平行对中，中心距离 L=8.5~9 厘米，可通过调节手柄（A）调节拉茎辊之间的间隙（图 3-13）。

为保持对称，必须同时调整一组拉茎辊，调整后拧紧锁紧螺母。拉茎辊间隙过小，摘穗时容易掐断茎秆；拉茎辊间隙过大，易造成拨禾链堵塞。

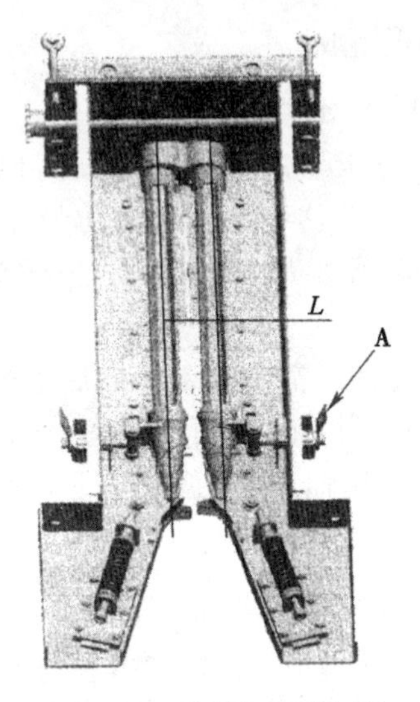

图 3-13　拉茎辊间隙调整

5. 中央搅龙的调整

为了顺利、完整地输送，搅龙叶片应尽可能地接近搅龙底壳，此间隙应小于 10 毫米，过大易造成果穗被啃断、掉粒等损失；过小刮碰底板。

（二）倾斜输送器

倾斜输送器又称过桥，起到连接割台和升运器的作用。倾斜输送器围绕上部传动轴旋转来提升割台，确保机器在公路运输和田间作业时割台离地面能够调整到合适的间隙。

作物从过桥刮板上方向后输送。观察盖用于检查链把的松紧。在中部提起刮板，刮板与下部隔板的间隙应为（60±15）毫米。两侧链条松紧一致。出厂时两侧的螺杆长度为（52±5）毫米，作业一段时间后，链节可能伸长，需要及时调整。

调整方法：用扳手将紧固于固定板 C 两侧的螺母 B 旋入或旋出以改变 X 的数值（图 3-14）。

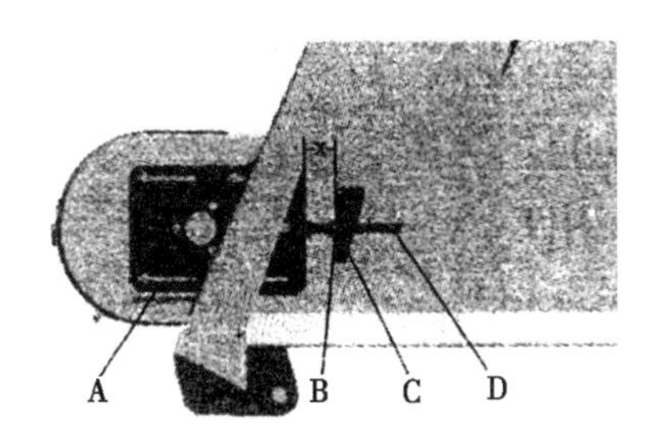

图 3-14　输送链耙的调整

A. 六角螺母　B. 张紧螺母　C. 调节板　D. 螺杆

（三）升运器

升运器的作用是从倾斜输送器得到作物，然后将玉米输送到剥皮机。升运器中部和上部有活门，用于观察和清理。

1. 升运器链条调整

升运器链条松紧是通过调整升运器主动轴两端的调节板的调整螺栓而实现的，拧松 5 个六角螺母（A），拧动张紧螺母（B），改变调节板（C）的位置，使得升运器两链条张紧度应该一致，正常张紧度应该用手在中部提起链条时，链条离底板高度为 30~60 毫米。使用一段时间后，由于链节拉长，通过螺杆已经无法调整时，可将链条卸下几节。

2. 排茎辊上轴角度调整

拉茎辊的作用是将大的茎秆夹持到机外。拉茎辊的上轴位置可调，可在侧壁上的弧形孔作 5°~10°的旋转调整，以达到理想的排茎效果。出厂前，拉茎辊轴承座在弧形孔中间位置，调整时，松开 4 个螺母，保持拉茎辊下轴不动，缓慢转动轴承座的位置，使上下轴达到合适的角度，然后拧紧所有螺栓。

3. 风扇转速调整

该风扇产生的风吹到升运器的上端，将杂余吹出到机体外。该风扇是平板式的，如果采用流线型的将会造成玉米叶子抽到风扇中。

风扇转速调整是拆下升运器右侧护罩，松开链条，拆下二次拉茎辊主动链轮，更换成需要的链轮，然后连接链条，装好护罩。

风扇的转速有 3 种：1 211 转/分、1 292 转/分和 1 384 转/分，它是通过更换排茎辊的输入链轮来完成的。当使用 16 齿链轮时其转数为 1 211转/分；当使用 15 齿链轮时，其转速为 1 292转/分（出厂状态）；当使用 14 齿链轮时，转速为 1 384转/分。

（四）剥皮输送机

剥皮输送机简称剥皮机，是将玉米果穗的苞叶剥除的装置，同时将果穗输送到果穗箱。

剥皮机由星轮和剥皮辊组成，5 组星轮，5 组剥皮辊。每组剥皮辊有 4 根剥皮辊，其中铁辊是固定辊，橡胶辊是摆动辊。

剥皮输送机工作过程：果穗从升运器落入剥皮机中，经过星轮压送和剥皮辊的相对转动剥除苞叶，并除去残余的断茎秆及穗头，然后经抛送辊将去皮果穗抛送到粮箱。

1. 星轮和剥皮辊间隙调整

压送器（星轮）与剥皮辊的上下间隙可根据果穗的粗细程度进行调整。调整位置：前部在环首螺栓处（左右各一个），后部在环首螺栓处（左右各一个），调整完毕后，需重新张紧星轮的传动链条。出厂时，星轮和剥皮辊之间的间隙为 3 毫米。压送器（星轮）最后一排后面有一个抛送辊，起到向后抛送玉米果穗的作用。

2. 剥皮辊间隙调整

通过调整外侧一组螺栓（A），改变弹簧压缩量 X，实现剥皮辊之间距离的调整。出厂时压缩量 Z 为 61 毫米。

3. 动方输入链轮、链条的调节

调节张紧轮（A）的位置，改变链条传动的张紧程度。对调组合链轮（B）可获得不同的剥皮辊转速。

将双排链轮反过来，会产生两种剥皮机速度，出厂时转速为420转/分，链轮反转安装时，转速为470转/分。齿轮箱的输入端配有安全离合器。

（五）籽粒回收装置

籽粒回收装置由籽粒筛和籽粒箱组成，位于剥皮机正下方，用于回收输送剥皮过程中脱落的籽粒，籽粒经筛孔落入下部的籽粒箱，玉米苞叶和杂物经筛子前部排出。

籽粒筛角度可通过调整座（A）调整，籽粒筛面略向下倾斜，是出厂状态，拆掉调整座（A），籽粒筛向上倾斜，降低籽粒损失。

（六）茎秆切碎器

切碎器的主要作用是将摘脱果穗的茎秆及剥皮装置排出的茎叶粉碎均匀抛撒还田。茎秆切碎器的主轴旋转方向与机器前进方向相反，即逆向切割茎秆。由于刀轴的高速逆行驶方向旋转，可将田间摘脱果穗的茎秆挑起，同时将散落在田间的苞叶吸起，随着刀轴的转动，动定刀将其打碎，碎茎秆沿壳体均匀抛至田间。

茎秆切碎器的组成：转子、仿形辊、支架、甩刀、传动（齿轮箱换向）装置。

1. 割茬高度的调整

仿形辊的作用主要是完成对切茬高度的控制，工作时，仿形辊接地，使切碎器由于仿行辊的作用而随着地面的变化而起伏，达到留茬高度一致的目的。调整仿形辊的倾斜角度，以控制割茬高度。留茬太低，动刀打土现象严重，动刀（或锤爪）磨损，功率消耗增大；留茬太高，茎秆切碎质量差。

调整时松开螺栓（B），拆下螺栓（C），使仿形辊（A）围绕螺栓（B）转动到恰当位置，然后固定螺栓（C）。仿形辊向上旋转，割茬高度低；仿形辊向下旋转，割茬高度高（图3-15）。

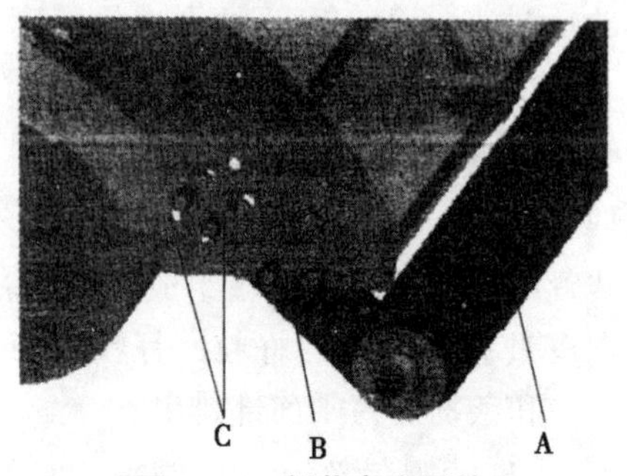

图 3-15　割茬高度调整

A. 仿形辊 B. 螺栓 C. 固定螺栓

2. 切碎器定刀的调整

调整定刀（A）时，松开螺栓（B）向管轴方向推动定刀（A），茎秆粉碎长度短，反之茎秆粉碎长度长。用户根据需要进行调整（图 3-16）。

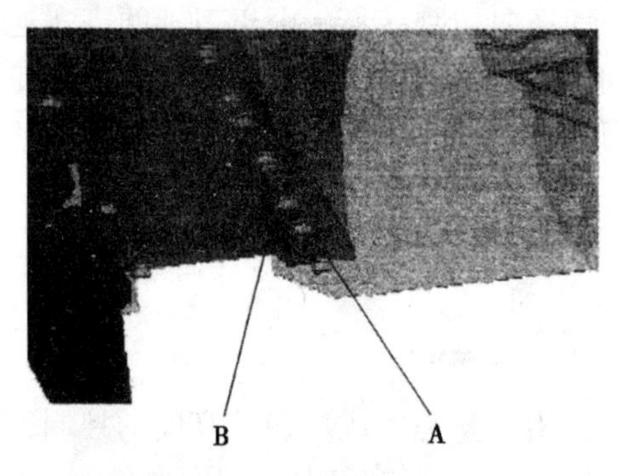

图 3-16　切碎器定刀调整

A. 定刀 B. 螺栓

3. 切碎器传动带张紧度调整

切碎器传动皮带由弹簧（A）自动张紧，出厂时，弹簧长度为（84±2）毫米，需要根据皮带的作业状态进行适当调整，调整后需将螺母（B）锁紧。调整的基本要求：在正常的负荷下，皮带不能打滑和丢转（图 3-17）。只在调整皮带张紧度时方可拆防护罩。

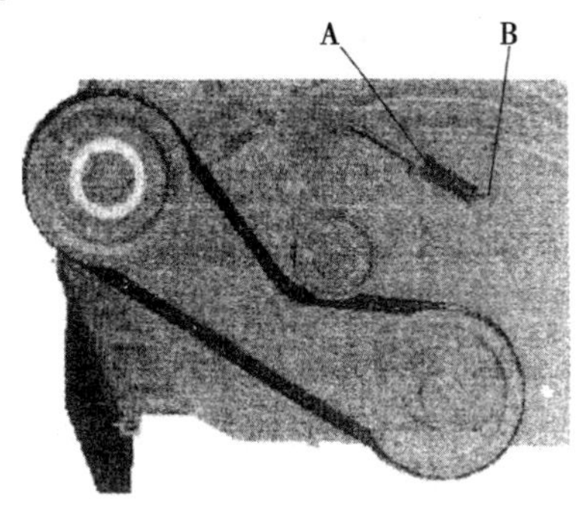

图 3-17　切碎器传动带张紧度调整

A. 弹簧 B. 螺母

三、玉米果穗联合收割机的维护与保养

（一）割前准备

1. 保养

按照使用说明书，对机器进行日常保养，并加足燃油、冷却液和润滑油。以拖拉机为动力的应按规定保养拖拉机。

2. 清洗

收获工作环境恶劣，草屑和灰尘较多，容易引起散热器、空气滤清器堵塞，造成发动机散热不好、水箱开锅。因此，必须经常清洗散热器和空气滤清器。

3. 检查

检查收割机各部件是否松动、脱落、裂缝、变形，各部位间隙、距离、松紧是否符合要求；启动柴油机，检查升降提升系统是否正常，各操纵机构、指示标志、仪表、照明、转向系统是否正常，检查各运动部件、工作部件是否正常，有无异常响声等。

4. 田间检查

（1）收获前 10~15 天，应做好田间调查，了解作业田里玉米的倒伏程度、种植密度和行距、最低结穗高度、地块的大小和长短等情况，制订好作业计划。

（2）收获前3~5天，将农田中的渠沟、大垄沟填平，并在水井、电线杆拉线等不明显障碍物上设置警示标志，以利于安全作业。

（3）使用前正确调整秸秆粉碎还田机的作业高度，一般根茬高度为8厘米即可，调得太低刀具易打土，会导致刀具磨损过快，动力消耗大，机具使用寿命低。

（二）使用注意事项

1. 试运转前的检查

（1）检查各部位轴承及轴上高速转动件的安装情况是否正常。

（2）检查V形皮带和链条的张紧度。

（3）检查是否有工具或无关物品留在工作部件上，防护罩是否缺少。

（4）检查燃油、机油、润滑油是否缺少。

2. 空载试运转

（1）分离发动机离合器，变速杆放在空挡位置。

（2）启动发动机，在低速时接合离合器。待所有工作部件和各种机构运转正常时，逐渐加大发动机转速，一直到额定转速为止，然后使收割机在额定转速下运转。

（3）运转时，进行下列各项检查。顺序开动液压系统的液压缸，检查液压系统的工作情况。液压油路和液压件的密封情况；检查收割机（行驶中）制动情况。每经20分钟运转后，分离一次发动机离合器，检查轴承是否过热，皮带和链条的传动情况，各连接部位的紧固情况。用所有的挡位依次接合工作部件时，对收割机进行试运转，运行时注意各部件的情况。

3. 作业试运转

在最初作业30小时，建议收割机的速度比正常速度低

20%~25%，正常作业速度可按说明书推荐的工作速度进行。试运转结束后，要彻底检查各部件的装配紧固程度、总成调整的正确性、电气设备的工作状态等。更换所有减速器、闭合齿轮箱的润滑油。

4. 作业时应注意的事项

（1）收割机在长距离运输过程中，应将割台和切碎机构挂在后悬挂架上，并且只允许中速行驶，除驾驶员外，收割机上不准坐人。

（2）玉米收割机作业前应平稳接合工作部件离合器，油门由小到大，到稳定额定转速时，方可开始收获作业。

（3）玉米收割机在田间作业时，要定期检查切割粉碎质量和留茬高度，根据情况随时调整割茬高度。

（4）根据抛落到地上的籽粒数量来检查摘穗装置工作。籽粒的损失量不应超过玉米籽粒总量的0.5%。当损失大时应检查摘穗板之间的工作间隙是否正确。

（5）应适当中断玉米收割机工作1~2分钟。让工作部件空运转，以便从工作部件中排除所有玉米穗、籽粒等余留物，以免工作部件堵塞。当工作部件堵塞时，应及时停机清除堵塞物，否则将会导致玉米收割机负荷加大，使零部件损坏。

（6）当玉米收割机转弯或者沿玉米垄行作业遇到水洼时，应把割台升高到运输位置。

注意：在有水沟的田间作业时，收割机只能沿着水沟方向作业。

（三）维护保养

1. 技术保养

（1）清理。经常清理收割机割台、输送器、还田机等部位的草屑、泥土及其他附着物。特别要做好拖拉机水箱散热器、除尘罩的清理，否则会直接影响发动机正常工作。

（2）清洗。空气滤清器要经常清洗。

（3）检查。检查各焊接件是否开焊、变形，易损件如锤爪、皮带、链条、齿轮等是否磨损严重、损坏，各紧固件是否松动。

（4）调整。调整各部间隙，如摘穗辊间隙、切草刀间隙，使间隙保持正常；调整高低位置，如割台高度等符合作业要求。

（5）张紧。作业一段时间后，应检查各传动链、输送链、三角带、离合器弹簧等部件松紧度是否适当，按要求张紧。

（6）润滑。按说明书要求，根据作业时间，对传动齿轮箱加足齿轮油，轴承加足润滑脂，链条涂刷机油。

（7）观察。随时注意观察玉米收割机作业情况，如有异常，及时停车，排除故障后，方可继续作业。

2. 机具的维护保养

（1）日常维护保养。

①每日工作前应清理玉米果穗联合收割机各部残存的尘土、茎叶及其他附着物。

②检查各组成部分连接情况，必要时加以紧固。特别要检查粉碎装置的刀片、输送器的刮板和板条的紧固，注意轮子对轮毂的固定。

③检查三角带、传动链条、喂入和输送链的张紧程度。必要时进行调整，损坏的应更换。

④检查变速箱、封闭式齿轮传动箱的润滑油是否有泄漏和不足。

⑤检查液压系统液压油是否有漏油和不足。

⑥及时清理发动机水箱、除尘罩和空气滤清器。

⑦发动机按其说明书进行技术保养。

（2）收割机的润滑。玉米果穗联合收割机的一切摩擦部分，都要及时、仔细和正确地进行润滑，从而提高玉米联合收割机的可靠性，减少摩擦力及功率的消耗。为了减少润滑保养时间，提高玉米联合收割机的时间利用率，在玉米果穗联合收割机上广泛采用了两面带密封圈的单列向心球轴承、外球面单列向心球轴承，在一定时期内不需要加油。但是有些轴承和工作部件

（如传动箱体等），应按说明书的要求定期加注润滑油或更换润滑油。玉米联合收割机各润滑部位的润滑方式、润滑剂及润滑周期见表 3–5。

表 3–5　玉米果穗收割机润滑表

润滑部位	润滑周期	润滑油、润滑剂
前桥变速箱	1 年	齿轮油 HL–30
粉碎器齿轮箱	1 年	齿轮油 HL–30
拉茎辊	1 年	钙基润滑油、钙钠基润滑油（黄油）
分动箱	1 年	50%钙钠基润滑油（黄油）和 50%齿轮油 HL–30 混合
茎秆导槽传动装置	60 小时	钙基润滑油、钙钠基润滑油（黄油）
搅动输送器	60 小时	
升运器	60 小时	
秸秆粉碎装置	60 小时	
动力装置	60 小时	
行走中间轴总成	60 小时	
工作中间总成	60 小时	
三角带张紧轮	60 小时	

（3）三角带传动维护和保养。

①在使用中必须经常保持皮带的正常张紧度。皮带过松或过紧都会缩短使用寿命。皮带过松会打滑，使工作机构失去效能；皮带过紧会使轴承过度磨损，增加功率消耗，甚至将轴拉弯。

②防止皮带沾油。

③防止皮带机械损伤。挂上或卸下皮带时，必须将张紧轮松开。如果新皮带不好上时，应卸下一个皮带轮，套上皮带后再把卸下的皮带轮装上。同一回路的皮带轮轮槽应在同一回转平面上。

④皮带轮轮缘有缺口或变形时，应及时修理或更换。

⑤同一回路用 2 条或 3 条皮带时，其长度应该一致。

（4）链条传动维护和保养。

①同一回路中的链轮应在同一回转平面上。

②链条应保持适当的紧度，太紧易磨损，太松则链条跳动大。

③调节链条紧度时，把改锥插在链条的滚子之间向链的运动方向扳动，如链条的紧度合适，应该能将链条转过20°~30°。

（5）液压系统维护和保养。

①检查液压油箱内的油面时，应将收割台放在最低位置，如液压油不足时，应予补充。

②新玉米联合收割机工作30小时后，应更换液压油箱里的液压油，以后每年更换1次。

③加油时应将油箱加油孔周围擦干净，拆下并清洗滤清器，将新油慢慢通过滤清器倒入。

④液压油倒入油箱前应沉淀，保证液压油干净，不允许油里含水、沙、铁屑、灰尘或其他杂质。

（6）入库保养。

①清除泥土杂草和污物，打开机器的所有观察孔、盖板、护罩，清理各处的草屑、秸秆、籽粒、尘土和污物，保证机内外清洁。

②保管场地要符合要求，农闲期收割机应存放在平坦干燥、通风良好、不受雨淋日晒的库房内。放下割台，割台下垫上木板，不能悬空；前后轮支起并垫上垫木，使轮胎悬空，要确保支架平稳牢固，放出轮胎内部的气体。卸下所有传动链，用柴油清洗后擦干，涂防锈油后装复原位。

③放松张紧轮，松弛传动带。检查传动带是否完好，能使用的，要擦干净，涂上滑石粉，系上标签，放在室内的架子上，用纸盖好，并保持通风、干燥及不受阳光直射。若挂在墙上，应尽量不让传动带打卷。

④更换和加注各部轴承、油箱、行走轮等部件润滑油；轴承运转不灵活的要拆下检查，必要时换新的。对涂层磨损的外

露件，应先除锈，涂上防锈油漆。卸下蓄电池，按保管要求单独存放。

⑤每个月要转动一次发动机曲轴，还要将操纵阀、操纵杆在各个位置上扳动十几次，将活塞推到油缸底部，以免锈蚀。

四、常见故障及排除方法

玉米果穗收割机常见故障及排除方法见表3-6。

表3-6　玉米果穗收割机常见故障及排除方法

常见故障	故障原因	排除方法
漏摘果穗	1. 玉米播种行距与玉米收割机结构行距不相适应 2. 分禾板和倒伏器变形或安装位置不当 3. 夹持链技术状态不良或张紧度不适宜 4. 摘穗辊轴螺旋筋纹和摘钩磨损 5. 摘穗辊安装或间隙调整不当 6. 摘穗辊转速与机组作业速度不相适应 7. 收割机割台高度调节不当 8. 机组作业路线未沿玉米播向垄行正直运行 9. 玉米果穗结实位置过低或下垂	1. 播种时行距应与玉米收割机行距一致 2. 校正或重新安装 3. 正确调整夹持链的张紧度 4. 正确安装摘穗辊以免破坏摘穗辊表面上条棱和螺旋筋原装配关系 5. 正确安装、间隙调整正确 6. 合理掌握作业速度 7. 合理调整割台高度 8. 正确操纵收割机行驶路线 9. 合理调整割台工作高度，摘穗辊尽可能放低一些
果穗掉地	1. 分禾器调整太高 2. 机器行走速度太快或太慢 3. 行距不对或牵引（行走）不对行 4. 玉米割台的挡穗板调节不当或损坏 5. 植株倒伏严重，扶倒器拉扯扶起时，茎秆被拉断，果穗掉地 6. 收割滞后，玉米秸秆枯干 7. 输送器高度调整不当	1. 合理调整分禾器高度 2. 合理控制机组作业速度 3. 正确调整牵引梁的位置 4. 合理调整挡穗板的高度 5. 正确操纵收割机行驶路线 6. 尽量做到适期收割 7. 正确调整输送器高度

（续表）

常见故障	故障原因	排除方法
摘穗辊脱粒咬穗	1. 摘穗辊和摘穗板间隙太大 2. 玉米果穗倒挂较多，摘穗辊、板间隙太大 3. 玉米果穗湿度大 4. 玉米果穗大小不一或成熟度不同 5. 拉茎辊和摘穗辊的速度过高	1. 调小摘穗辊和摘穗板间隙 2. 调整摘穗辊、板间隙 3. 适当掌握收割期 4. 选择良种和合理施肥 5. 降低拉茎辊和摘穗辊的工作速度

第四章　田间作业机械使用技术

第一节　整地机械

整地作业包括耙地、平地和镇压，有的地区还包括起垄和作畦。

耕地后土垡间存在着很多大孔隙，土壤的松碎程度与地面的平整度还不能满足播种和栽植的要求。所以必须进行整地，为作物的发芽和生长创造良好的条件。在干旱地区用镇压器压地是抗旱保墒，保证作物丰产的重要农业技术措施之一。有的地区应用钉齿耙进行播前、播后和苗期耙地除草。

整地机械包括耙（圆盘耙、水田耙和钉齿耙）、耢、镇压器、起垄犁和作畦机等。但圆盘耙的应用最为广泛。

圆盘耙主要用于旱地犁耕后的碎土及播种前的松土、除草。此外，由于圆盘耙能切断草根和作物残茬，搅动和翻转表土，故可用于收获后的浅耕灭茬作业。撒播肥料后可用它进行覆盖，也可用于果园和牧草地的田间管理。

一、圆盘耙及其使用维护与故障排除

圆盘耙主要用于犁耕后的碎土和平地，也可用于搅土、除草、混肥，收获后的浅耕、灭茬，播种前的松土，飞机撒播后的盖种，有时为了抢农时、保墒也可以耙代耕，是表土耕作机械中应用最多的一种机具。

（一）圆盘耙的类型与一般构造

1. 圆盘耙的类型

按机重、耙深和耙片直径可分为重型、中型和轻型 3 种，其结构参数和适用范围见表 4-1。

表 4-1　圆盘耙的类型

类型	耙重量/耙片数	耙片直径（毫米）	每米耙幅牵引阻力（千克/米）	范围
重型圆盘耙	50~65	660	6~8	开荒、低温地和黏重土壤，耕后碎土，黏壤土耙地代耕
中型圆盘耙	20~45	560	3~5	黏壤土耕后碎土，壤土耙地代耕
轻型圆盘耙	15~25	460	2.5~3	壤土耕后碎土，轻壤土耙地代耕

注：单片耙重=机重/耙片数

按与拖拉机的挂接方式可分为牵引、悬挂和半悬挂 3 种形式，重型耙一般多用牵引式或半悬挂式，轻型耙和中型耙则 3 种形式都有；按耙组的配置方式可分为对置式和偏置式两种；按耙组的排列方式可分为单列耙和双列耙。耙组的排列与配置方式见图4-1。

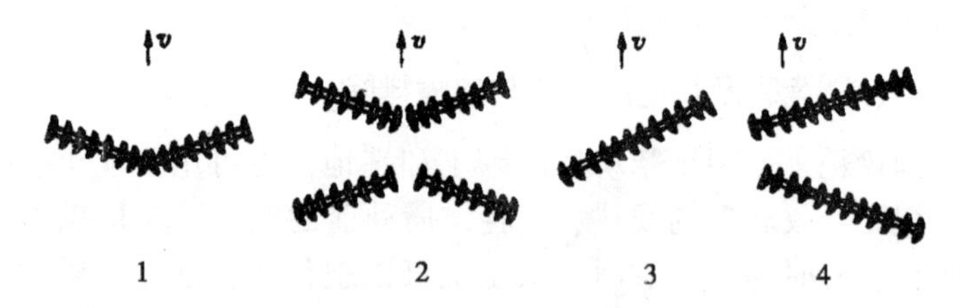

图 4-1　耙组的排列与配置方式

1. 单列对置式 2. 双列对置式 3. 单列偏置式 4. 双列偏置式

2. 圆盘耙的构造

圆盘耙一般由耙组、耙架、悬挂架和偏角调节机构等组成(图4-2)。对于牵引式圆盘耙，还有液压式（或机械式）运输轮、牵引架和牵引器限位机构等，有的耙上还设有配重箱。

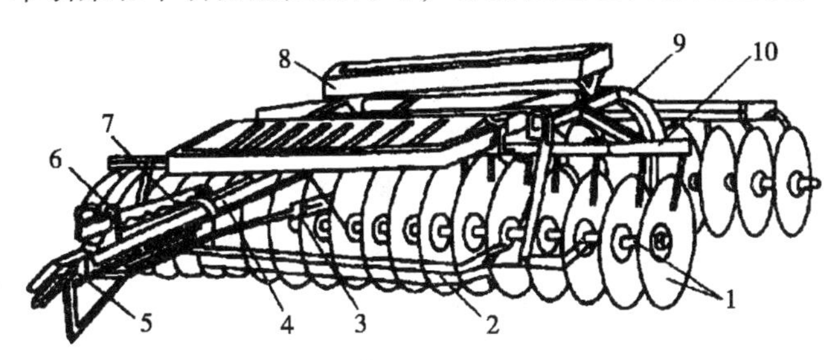

图 4-2　圆盘耙的构造

1. 耙组 2. 前列拉杆 3. 后列拉杆 4. 主梁 5. 牵引器
6. 卡子 7. 齿板式偏角调节器 8. 配重箱 9. 耙架 10. 刮土器

(二) 圆盘耙的选购

1. 要有明确的使用目的

首先应满足农业生产技术的要求，如该地区较为干旱少雨，适用于少耕或免耕作业，这样圆盘耙就会起到“以耙代耕”的作用；在果园、林场，则应首选偏置耙；如果是黏重土壤的地区，则可选择重耙或缺口重耙。

2. 要考虑到生产规模和动力配置情况

由于圆盘耙型号较多，有大型的也有小型的，有牵引的也有三点悬挂的，因此除了考虑上述的农业技术要求外，还应充分考虑自身的生产规模（包括周边的服务工作量）来决定购置具体型号与台数。当然，还要考虑与拖拉机的匹配性。

3. 讲求投资效益，进行科学合理购置

机具农机作业是有季节性的，全年内使用日数不是非常满，所以购买农机的投资应该恰到好处。

4. 选购时注意事项

一是购置圆盘耙时，应检查整个机器制造、安装质量和油漆等外观状态，观察耙片有无裂纹、变形。耙架不得变形、开焊，耙架横梁、轴承均无变形、缺损。刮土板刀刃应完好，和凹面的间隙为5~8毫米。各紧固件状态均应良好。购置驱动圆盘耙时，齿轮传动箱应无漏油，试运转中不过热，无剧烈噪声。此外，还必须配足有关备件。二是要选择零部件供应完善、售后服务较好的企业。产品要有“农业机械推广许可证”标志。此外，要核对铭牌上主要技术性能指标是否符合自己所拟定的要求。随机的备件、工具、文件（说明书等）也应齐全、完整、良好。并要有正式发票，以便备查。

（三）圆盘耙工作过程与调整

1. 工作过程

作业时圆盘耙片的回转平面与地面垂直，无倾角，但与前进方向成一夹角，即偏角。在耙的重力及刃口和曲面综合作用下，耙片切入土壤，使土块沿凹面上升至适当高度并回落下来，所以具有一定的碎土、翻土和覆盖作用，此外它还有推土、铲土（草）作用。

圆盘耙组在作业时，由于受到外力的作用与影响，产生的侧向力偶矩导致耙组两端耙深不一致，即耙组凹端钻入土内较深，凸端有离地趋势，所以常用强制的方法来解决这一问题，即抬头的凸端加重量或用吊杆将凹端上抬。若偏角加大，会加强入土性能，其碎土、翻土效果也会增强，但工作阻力也随之加大，适宜偏角为14°~23°。

2. 耙深调节

用角度调节装置调节耙深。其方法为：停车后将齿板前移到某一缺口位置固定，再向前开动拖拉机，牵引器与滑板均向前移动，直到滑板末端上弯部分碰到齿板为止。前后耙组相对于机架作相应的摆转，此时偏角加大，耙深增加；若调浅耙深，则提升齿板，倒退拖拉机，滑板后移，固定齿轮于相应缺口中，偏角则变小，耙深变浅。若上述调整耙深的方法仍未达到预定深度，则采用加配重量的方法。

3. 水平调整

对于前后两列的圆盘耙，是利用卡板和销子与主梁连接来防止前列两个耙组凸面上翘，使耙深变浅；后列的两个耙组凹面端是利用两根吊杆挂在耙架上，提高吊杆可调整凹面端入土深度（图 4-3）。这样可在横向水平方向调整前后耙架的水平，纵向水平可改变牵引钩在牵引器上的不同孔位来进行调整。牵引钩下移，前列耙组耙深减小；反之前列耙组耙深增加。

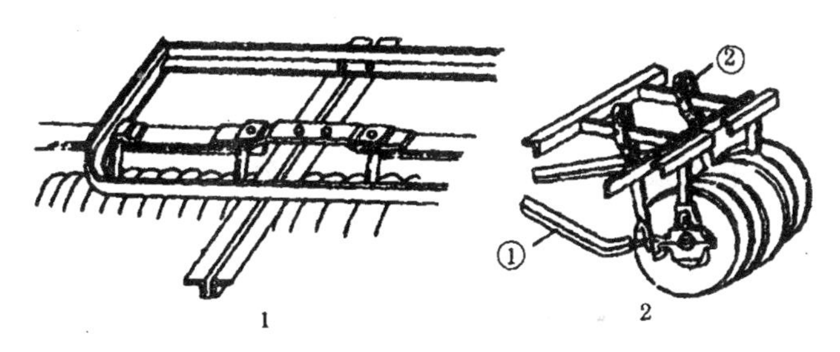

图 4-3　圆盘耙的水平调整

1. 前列 2. 后列：①后列拉杆 ②吊杆

（四）圆盘耙的技术状态检查

第一，同一耙组各耙片着地点应在同一直线上，偏差应小于 5 毫米；各盘间距应相同，偏差应小于 8 毫米。

第二，耙片无变形，刃口厚度不大于 0.5 毫米，但又不可过薄，以 0.3~0.5 毫米为宜。

第三，架起耙架，检查耙组转动是否灵活自如，方轴应正直，耙片在其上不应晃动。

第四，耙架无变形、无开裂及开焊，各个紧固件不得松动。

（五）圆盘耙的保养与修理

1. 圆盘耙保养

每班作业后，应清除耙上的缠草。由于耙的紧固件易松动，所以每班必定要检查连接部分紧固情况，并予以拧紧。方轴螺帽最易松动，须留意检查，以免引起圆盘掉落或拉坏。若长时间不用，应将耙放在干燥的棚内，用木板垫起耙组，并在耙片表面上涂上防锈油，卸下载重箱。

2. 圆盘耙修理

（1）在车床上切削磨钝的耙片将耙片用专用夹具卡在车床卡盘上，用顶尖支承专用夹具的另一端。切削时，应使耙片刃口角呈37°，刃口厚度应有0.3~0.5毫米。切削时应该用硬质合金刀片。也可将耙片装于磨刃夹具上均匀地转动耙片，以免在砂轮上磨刃时使耙片退火。

（2）方孔裂纹的修理可用电弧焊进行修复，若裂纹严重，维修时可在方孔上加焊一个内方孔的圆铁盘。

（3）常见故障及排除方法见表4-2。

表4-2　圆盘耙常见故障与排除方法

故障现象	故障原因	排除方法
耙片不入土	1. 偏角太小	1. 增加耙组偏角
	2. 附重量不足	2. 增加附加重量
	3. 耙片磨损	3. 重新磨刃或更换耙片
	4. 耙片间堵塞	4. 清除堵塞物
	5. 速度太快	5. 减速作业
耙片堵塞	1. 土壤过于黏重或太湿	1. 选择土壤湿度适宜时作业
	2. 杂草残茬太多，刮土板不起作用	2. 正确调整刮土板位置和间隙
	3. 偏角过大	3. 调小耙组偏角
	4. 速度太慢	4. 加快速度作业

（续表）

故障现象	故障原因	排除方法
耙后地表不平	1. 前后耙组偏角不一致	1. 调整偏角
	2. 附加重量差别较大	2. 调整附加重量使其一致
	3. 耙架纵向不平	3. 调整牵引点高低位置
	4. 牵引式偏置耙作业时耙组偏转，使前后耙组偏角不一致	4. 调整纵拉杆在横拉杆上的位置
	5. 个别耙组堵塞或不转动	5. 清除堵塞物，使其转动
阻力过大	1. 土壤过于黏湿	1. 选择土壤水分适宜时作业
	2. 偏角过大	2. 调小耙组偏角
	3. 附加重量过大	3. 减轻附加重量
	4. 刃口磨损严重	4. 重新磨刃或更换耙片
把片脱落	方轴螺母松脱	重新拧紧或换修

二、水田耙及其使用维护与故障排除

播种插秧前的整地是对耕后地土壤所进行的再加工作业。为满足土壤松、碎、软、平的整地要求，并减少耙地次数，水田耙普遍采用 2 种或 3 种工作部件组成的复式耙。水田耙都采用悬挂式。耙深一般土壤要求在 10~14 厘米，黏重土壤为 14~17 厘米。为保证入土能力，水田耙应具有每米耙幅 100~120 千克的重量。

（一）水田耙的农业技术要求

机力水田耙主要用于春、夏耕后的碎土整地以及在双季稻地区直接耙未脱水的早稻茬地，以耙代耕。其农业要求可归纳如下。

（1）碎土起浆。使土块松碎，表层糊软。

（2）搅混肥料。使土壤与肥料均匀混合。

（3）平整地面。以保证田面灌水或放水一致。

（4）灭荐除草。一些双季稻连作稻区，栽培晚稻时，往往以耙代耕，将稻茬直接压入糊泥中，再将地整平，然后插秧。

（5）防止漏水。在沙性水田地区，要能充分搅拌土壤，使泥浆堵塞缝隙，起到防漏作用。

水田耙按动力分有从动型和驱动型两种，它们多为三点悬挂式，在水田内运转方便。为了满足水田整地松、碎、软、平的要求，并减少作业压实地面次数，降低作业成本，所以采用多种工作部件组合在一起，因此，水田耙多为复合作业耙，或称水田联作耙。系列水田耙有两列式、三列式等配置。两列式中前列为星形耙片组，后列为轧辊。三列式中前两列为星形耙片组，第三列为轧辊。

（二）水田耙构造

水田耙由耙组、轧滚和耙架（包括悬挂架）组成。星形耙组、缺口圆盘耙组和轧滚是 3 种常用的工作部件。根据地区和土壤条件的不同，可以组成两列和三列复式耙。图 4-4 为水田耙的悬挂。

（三）主要性能参数

1. 星形耙片和缺口圆盘耙片

耙片的直径越大，通过性越好，阻力也小，但机具质量相对较大，且耗材多、成本高，圆盘直径通常为 400~450 毫米。黏重土壤地区耙深要求大些。圆盘曲率大，即曲率半径小，则翻土、碎土能力加强，但过强的翻土能力，会使土垡过多扭曲，覆土质量反而下降，阻力也增大，所以星形耙片曲率半径常取 210 毫米。系列水田耙星形耙片的基本参数见表 4-3。

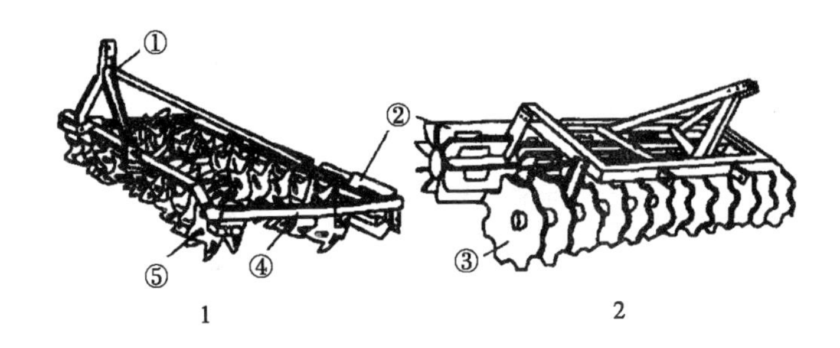

图 4-4　水田耙

1. 水田星形耙 2. 水田缺口圆盘耙

①悬挂架 ②轧辊 ③缺口圆盘耙组 ④耙架 ⑤星形耙组

表 4-3　系列水田耙星形耙片的基本参数

项目名称		尺寸代号	星形耙片	
耙片直径（毫米）		D	400±3	450±3
耙片材料厚度（毫米）		t	4	4
耙片中心方孔（毫米）		a	61+0. 5	61+0. 5
平底部分直径（毫米）		d	120	120
曲率半径（毫米）		r	210	210
耙片曲率圆心距中心线距离（毫米）		e=d/2	60	60
刃口曲线尺寸（展开图）	刃口半径（毫米）	R	133	140
	偏心钜（毫米）	Q	108	110
	齿形连接半径（毫米）	r1	26	18
	齿形中心圆直径（毫米）	D1	280	320
	星形齿数	n	6	6
刃口角		i	28°±2°	28°±2°
刃平面与其弦长夹角		w	70°±2°	68°±2°

2. 轧辊

轧辊直径大小是根据残茬高度和耙深决定的，一般为 270~400 毫米。轧辊的基本参数见表 4-4。

表 4-4 轧辗的基本参数（NJ 154—77）

名称	尺寸代号	实心轧辊		空心轧辊		百叶浆
直径（毫米）	D	280	360	280	360	280
轧片高度（毫米）	h	89	120	110	150	89
轧片厚度（毫米）	δ	4	4	4	4	4
轧片数	n	6	8	6	7	

（四）水田耙的使用与调整

1. 作业前技术状况的检查

检查各个紧固件的状况，并拧紧松动的连接螺栓；各转动部件应转动灵活，更换磨损严重的轴承；耙片刃口应锐利，并更换或修复损坏变形的工作部件；检查耙架有无变形，发现变形严重的应及时校正，否则耙深将会不一致，且易损坏其他工作部件。

2. 调试

进行田间试耙时，观察耙架、耙组的水平，以及耙深是否符合要求。在黏重土壤及覆盖碎土要求高的情况下，可调大偏角，耙的纵向及横向水平，分别用拖拉机上拉杆和左右提升杆来调整。

3. 常见故障及排除方法

水田耙常见故障及排除方法见表 4-5。

表 4-5　水田耙常见故障及排除方法

故障现象	故障原因	排除方法
拖堆积泥 不能正常工作	1. 田里水的深度不够	1. 再灌水
	2. 耙架不平，前低后高	2. 调长拖拉机上拉杆
	3. 偏角过大	3. 调小偏角
	4. 土垡浸水时间短，过于干硬	4. 增加浸泡时间
	5. 耙深过大	5. 调浅耙深
地耙不平	1. 耙架未调平	1. 调平耙架
	2. 偏角过大	2. 调小偏角
耙组不转动 或转动不灵	1. 耙轴变形	1. 校正耙轴
	2. 轴承损坏	2. 更换轴承
	3. 堵塞	3. 清除堵塞物
稻荐不翻转	耙架前部过高	调平耙架，调短拖拉机上拉杆
耙深不足	1. 偏角过小	1. 调大偏角
	2. 耙片磨钝	2. 磨锐刃口
	3. 耙片上黏泥太多	3. 清除黏泥

第二节　旋耕机

旋耕机是一种用拖拉机动力驱动工作部件进行耕作的机具，能一次完成耕耙作业。其工作特点是碎土能力强，耕后地表平整，土壤细碎，土肥掺合好，减少拖拉机进地次数。目前，旋耕机在水田和菜田区已被广泛应用。但是，旋耕机功率消耗比铧式犁高，耕深较浅，覆盖质量差，不利于消灭杂草。

旋耕机有与手扶拖拉机、轮式拖拉机和履带拖拉机配套的各种型号。根据刀轴位置不同，可分为卧式和立式两种。我国生产的大多为卧式旋耕机。

一、旋耕机的构造

旋耕机主要由机架、传动系统、旋转刀轴、刀片、耕深调节装置、罩壳等组成（图 4-5）。

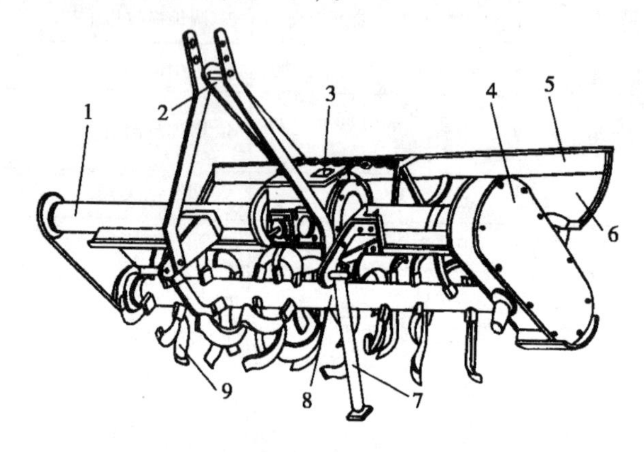

图 4-5　旋耕机的构造

1. 主梁 2. 悬挂架 3. 齿轮箱 4. 侧边传动箱 5. 平土托板 6. 挡土罩 7. 支撑杆 8. 刀轴 9. 旋耕刀

（一）刀轴和刀片

刀轴和刀片是旋耕机的主要工作部件，刀轴上焊有刀座，刀座在刀轴上按螺旋线排列焊在刀轴上以供安装刀片。

刀片（即旋耕刀）工作时，随刀轴一起旋转，起切土、碎土和翻土作用。在系列旋耕机上，旋耕刀片的形式都采用弯形刀片，有左弯和右弯两种（图 4-6）。弯形刀刃口较长，并制成曲线形，工作时，曲线刀刃切土，因此工作平缓不易缠草，有较好的碎土和翻土能力。

（二）传动部分

由拖拉机动力输出轴来的动力经万向节传给中间齿轮箱，再经侧边传动箱驱动刀轴回转。也有直接由中间齿轮箱驱动刀轴回转的。由于动力由刀轴中间传入，机器受力平衡，稳定性

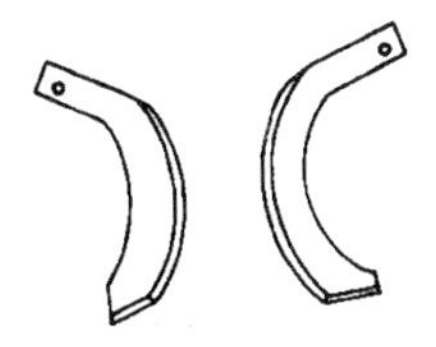

图 4-6　弯型旋耕刀

好。但在中间齿轮箱体下部不能装刀片，因此会有漏耕现象，可采用在箱体前加装小犁铧的办法来消除漏耕现象。

我国旋耕机系列，采用齿轮—链轮和全齿轮传动两种方式。

（三）辅助部件

旋耕机辅助部件由机架、悬挂架、挡泥罩和平地板等组成，其挡泥罩和平地板用来防止泥土飞溅和进一步碎土，并可保护机务人员安全，改善劳动条件。

二、旋耕机的工作过程

如图 4-7，旋耕机工作时，刀片一方面由拖拉机动力输出轴驱动做回转运动，另一方面随机组前进做直线运动。刀片在转动过程中，首先将土垡切下，随即向后方抛出，土垡撞击到挡泥罩和平土拖板而细碎，然后再落回地面上，因而碎土较好，一次完成了耕、耙作业。

目前，卧式旋耕机均采用正转方式作业，即刀轴的转动方向与拖拉机前进时轮子的旋转方向相同。旋耕机刀片切土时，刀片的绝对运动是由机组的前进运动和刀轴的回转运动所合成。为使机组正常工作，必须使刀片在整个切土过程中不产生推土现象，因此其绝对运动轨迹要求为余摆线。

余摆线形成如图 4-8 所示，设 O 为刀轴中心运动的起始位置，横坐标以机组前进方向为正，纵坐标以耕深方向为正，刀片回转方向与拖拉机驱动回转方向相同。

旋耕刀片端点运动轨迹曲线为一有绕扣的余摆线。要使刀片在整个切土过程中不产生向前推土现象，刀片从接地位置开

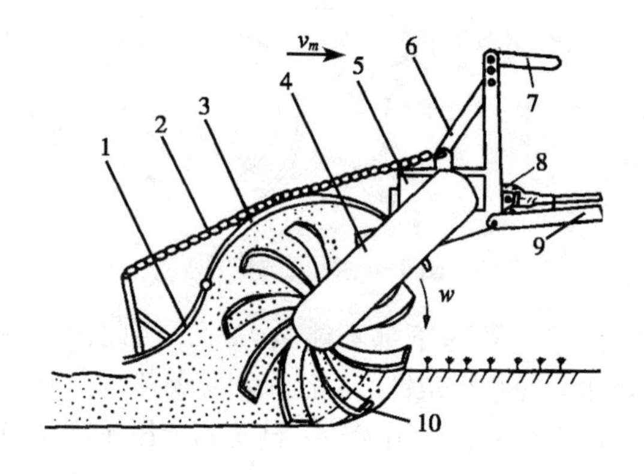

图 4-7　旋耕机工作过程

1. 平土拖板 2. 拉链 3. 挡土罩 4. 传动箱 5. 齿轮箱
6. 悬挂架 7. 上拉杆 8. 万向节 9. 下拉杆 10. 旋耕刀

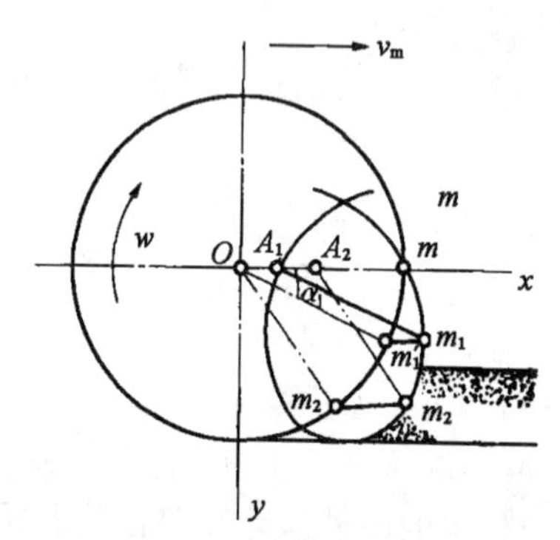

图 4-8　旋耕刀片端点运动轨迹

始直至转到最下位置的任一点向后的水平分速度都应大于机组前进速度，这样，刀片才能将土垡抛向后方。

旋耕机耕地时，由于刀片向后抛土，就有一个推动机器前进的力量，从而大大改善了拖拉机的牵引性能，可以充分发挥拖拉机的功率。

旋耕机的碎土性能与机组前进速度和刀轴转速有关。当刀轴转速一定时，机组前进速度越慢，碎土性能越好；反之，则碎土性能变差。

三、旋耕机的使用

（一）旋耕刀的安装方法

根据不同的农业技术要求，旋耕机刀片有左弯曲和右弯曲之分，可采用不同的安装方法。安装时，刀片的弯曲方向不同，地表就有不同的形状。一般有 3 种安装方法：交错安装、向外安装和向内安装（图 4-9）。

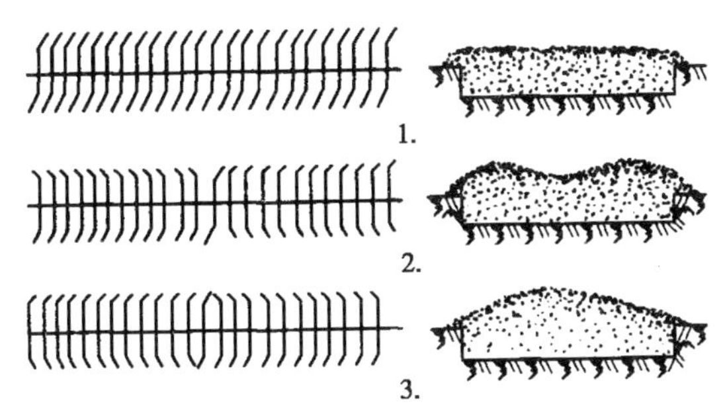

图 4-9　弯刀的安装方法

1. 交错安装法 2. 外装法 3. 内装法

1. 交错安装

左右弯刀在刀轴上交错排列安装。耕后地表平整，适于耕后耙地或播前耕地，是常用的一种安装方法。

2. 向外安装

刀轴左边装左弯刀片，右边则装右弯刀片。耕后中间有浅沟，适于拆畦或旋耕和开沟联合作业。

3. 向内安装

刀轴左侧全部安装右弯刀片，右边则全部安装左弯刀片，耕后中间起垄，适于作畦前的整地作业。

安装时应注意使刀轴的旋转方向和刀片刃口方向相一致，

并进行全面检查。

（二）旋耕方法

常用的有梭形耕法、套耕法和回耕法（图 4-10）。

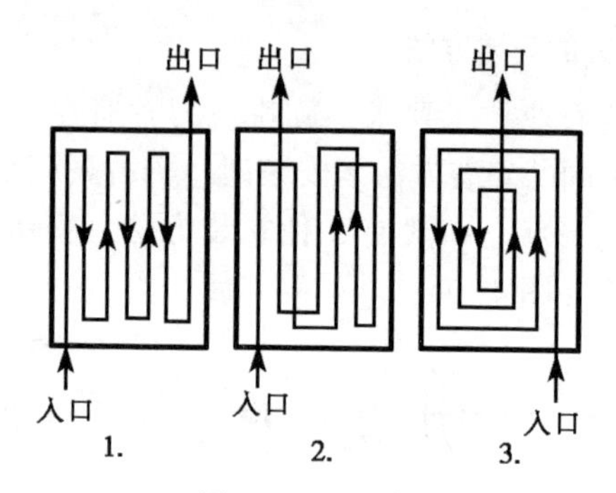

图 4-10 旋耕方法

1. 梭形耕法 2. 套耕法 3. 回耕法

1. 梭形耕法

机组由地块的一侧进入，到地头转弯后紧靠第一趟往回耕，如此一行接一行地往返耕作（图 4-10），最后耕地头。这种耕法优点是空行少，时间利用率高，不易漏耕。但要在地头转小弯，大机组不便于操作。

2. 套耕法

套耕的方法很多，图 4-10 所示为一种间隔套耕法。耕完一趟后留下一个耕作幅宽耕第二趟，以后再隔一个幅宽耕第三趟，如此直至耕完小区后反过来再耕留下的未耕地带。间隔套耕法可避免地头转小弯，操作方便，但空行较多，地头来回次数多，容易压实土壤，而且要求留下的未耕地宽度要准确，一般略小于耕幅，以免漏耕。

3. 回耕法

如图 4-10 所示，由四周耕向中心，最后沿对角线将漏耕的地方补耕。回耕法的优点是操作方便，转弯小，工作效率高，适用于长方形大地块的耕作。转弯时应将旋耕机提起，防止刀片和刀轴受扭变形或损坏。

（三）旋耕机的使用注意事项

轮式拖拉机配用的旋耕机其耕深由液压系统控制。手扶拖拉机配套的旋耕机可通过改变尾轮的高低来调整，在小范围内调整时，可转动调节手柄。

旋耕机最大耕深受刀盘直径和机器前进速度的限制。刀盘直径大，耕深也就大；反之则小。当机器在前进速度减慢时，亦可增加耕深。目前，国产各类旋耕机耕深调整范围为12～16厘米。

旋耕机的碎土性能与拖拉机前进速度和刀轴转速有关。当刀轴转速一定时，减小拖拉机前进速度，碎土性好；反之则不好。在大型旋耕机上，改变拖板的位置也可改变碎土情况。用万向节传动的旋耕机，由于受万向节传动倾角限制，不能提升过高，在传动中如旋耕机提升高度过大，使万向节的倾角超过30°角，会引起万向节的损坏。旋耕时，应先接合动力输出轴，再挂上工作挡，在柔和放松离合器踏板的同时，使旋耕机刀片慢慢入土，并加大油门。禁止在拖拉机起步前先将旋耕机入土或猛放入土，以免损坏零件。

第三节　深松机械

一、深松耕作的几大特点

（1）加深耕作层，打破长期耕作形成的犁底层。

（2）松碎土壤作用力强，显著改善黏重土壤的透水力。

（3）深松的比阻小于犁耕的比阻，燃油消耗低、作业效率高，降低作业成本。

（4）深松作业在土层底部形成鼠道，有利于增加蓄水量和排盐排涝能力。

（5）深松作业疏松土层而不翻转土层，对土壤搅动小，作物残茬大部分留在地表，有利于保墒和防止风蚀。

（6）深松作业加深耕作层、打破犁底层，耕作密度适宜作物根系生长，提高作物产量。

二、深松机械种类

深松机具的种类较多，有深松犁、全方位深松机及深松联合作业机。

深松犁一般采用悬挂式，由机架、深松铲和限深轮组成。主要工作部件是装在机架后横梁上的凿形深松铲，连接处备有安全销，以防碰到大石头等障碍物时，剪断安全销，保护深松铲。限深轮装于机架两侧，用于调整和控制耕作深度，有些小型深松犁没有限深轮，靠拖拉机的液压悬挂油缸来控制耕作深度。

深松联合作业机一次作业能完成两种以上的作业项目。按联合作业的方式不同，可分为深松联合耕作机、深松与旋耕、起垄联合作业机及多用组合犁等多种形式。深松联合耕作是为适应机械深松少耕法的推广和大功率轮式拖拉机发展的需要而设计的，主要适用于我国北方干旱—半干旱地区以深松为主，兼顾表土松碎、松耙结合的联合作业，既可用于隔年深松破除犁底层，又可用于形成上松下实的熟地全面深松，也可用于草原牧草更新、荒地开垦等其他作业。

三、JOHN DEERE915V 型深松犁

JOHN DEERE915V 型深松犁主要由深松铲、悬挂机构及行走机构组成。

深松铲是深松机的主要工作部件，由铲头、立柱两部分组成。其中铲头又是深松的关键部件，最常用的是凿形铲，它的宽度较窄，和铲柱宽度相近，形状有平面形，也有圆脊形。圆脊形碎土性能较好，且有一定的翻土作用；平面形工作阻力较小，结构简单，强度高，制作方便，磨损后更换方便，行间深松、全面深松均可使用，应用最广。在它后面配上打洞器，还

可成为鼠道犁，在田间开深层排水沟；如果做全面深松或较宽的行间深松，还可以在两侧配上翼板，增大松土效果。铲头较大的鸭掌铲和双翼铲主要用于行间深松或分层深松表层土壤。

第四节　播种机械概述

一、机械播种的农业技术要求

播种作业是农业生产重要环节之一，是农业增产的基础，所以播种机械应满足下述农业技术要求。

（1）因地制宜、适时播种、满足农艺环境条件。

（2）能控制播种量和施肥量，播种量准确可靠，行内播种粒距（或穴距）均匀一致。

（3）播深和行距保持一致，种子播在湿土中，覆盖良好，并按具体情况予以适当镇压。

（4）播行直、地头齐、无重播漏播。

（5）通用性好，不损伤种子，调整方便可靠。

二、播种机的分类和一般构造

在整个农业生产中，播种作业是机械化程度比较高的生产环节，所以播种机的种类也比较多，基本上可分为以下几种类型。

（1）按播种方法可分为撒播机、条播机、穴（点）播机。

（2）按播种的作物类型可分为谷物播种机、蔬菜播种机、棉花播种机等。

（3）按播种方式可分为垄播机、畦播机及育苗移栽机等。

（4）按所用动力可分为人力播种机、畜力播种机和机力播种机等。

（5）按工作部件的工作原理可分为机械式播种机、气力式播种机等。

农业生产工艺和技术的改进与提高，推进了作物种植方法和手段的改革，近年来保护性耕作、免耕播种、铺膜播种技术在我国农业生产中大面积推广应用。

第五节　育秧播种机操作技术

水稻机械化育插秧技术的不断普及推广，促进了水稻插秧机作业服务规模日益扩大，带动了水稻育秧播种机的推广使用。目前，适应不同生产经营规模的水稻育秧播种机已经在实际生产中得到成功应用。水稻育秧播种机可以分别进行铺土、播种、覆土等作业，而播种流水线则可一次性完成铺土、洒水、播种、覆土四道工序作业。机械播种效率高，质量好。目前，生产中使用较多的育秧播种机械，主要包括手推式播种机、手摇式播种机、水稻育秧播种流水线等。它们的基本原理相同，在排种方式上，主要有带状排种和窝眼式排种两种。

一、手推式播种机

手推式田间育秧播种机，可分为单排作业和双排作业两种机型。该机结构简单，便于操作，适用于中小规模的育秧播种作业。

以 SR-60C 型久保田牌单排手推式育秧播种机为例介绍主要操作要领。

（一）主要技术参数

该机的主要技术参数：外形尺寸（长×宽×高）770 毫米×339 毫米×268 毫米；结构重量 8 千克；漏斗容量 16 升；播种宽度 580～590 毫米；播种速度 2～3 秒/盘（缓慢走动时的速度）；标准播种量 220～360 克芽谷。

（二）各部位的名称和规格

SR-60C 型久保田牌单排手推式育秧播种机主要由移动轮、播种导板、种谷漏斗等部分组成，其结构见图 4-11。

（三）安装与调整

（1）移动轮宽度的调整。根据秧盘的大小，松开锁紧螺栓，

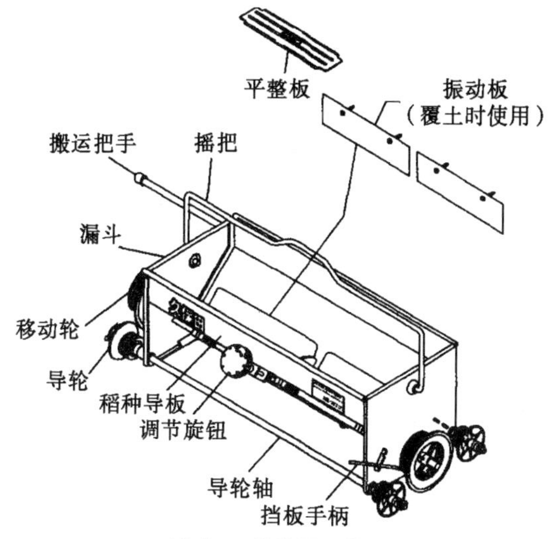

图 4-11　SR-60C 型久保田牌单排手推式育秧播种机结构图

将左右间隙各调整至 5 毫米左右。见图 4-12。

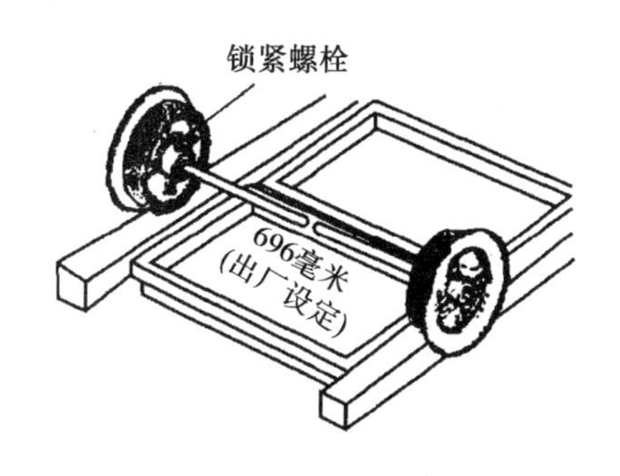

图 4-12　移动轮宽度的调整

（2）挡板手柄。作业时，将挡板手柄向前推则挡板打开，离合器闭合，可以进行播种及覆土作业；中断或结束作业时，将挡板手柄向后拉则挡板闭合，离合器断开，稻种及床土不会漏出（图 4-13）。

（3）主机操作。将附带的摇把挂在主机的挂钩上，将挡板

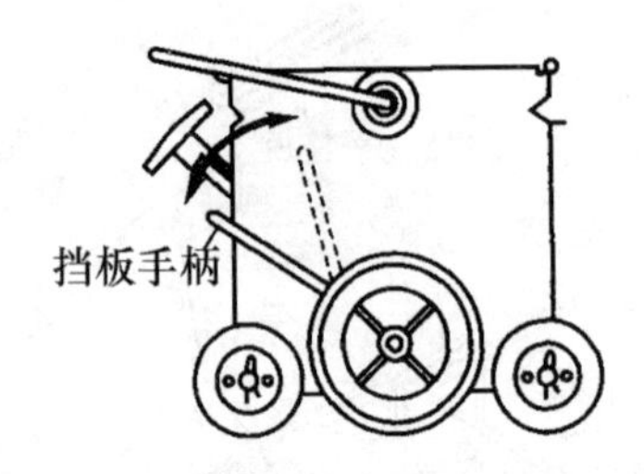

图 4-13　挡板手柄调节示意图

手柄向前推合上离合器，向前推动主机即可进行播种或覆土作业。操作者应缓慢推动，离合器闭合时不能向后拉主机。见图4-14。

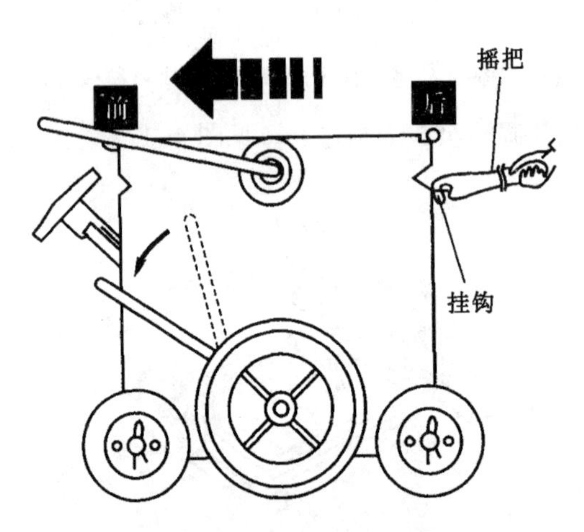

图 4-14　主机操作示意图

（4）播种刷的间隙调节。播种刷和播种辊间的间隙应保持平行。如果播种刷和播种辊间的左右间隙不一致，应进行调节。

①旋转调节旋钮，将播种刷和播种辊之间的间隙调节至左右各 0~0.5 毫米，且保持平行（图 4-15）。

②将对准标记对准旋钮的白点位置（图 4-16）。

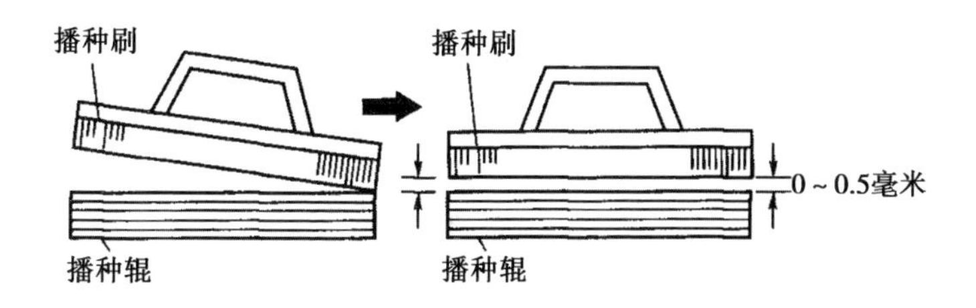

图 4-15　播种刷的间隙调节（一）

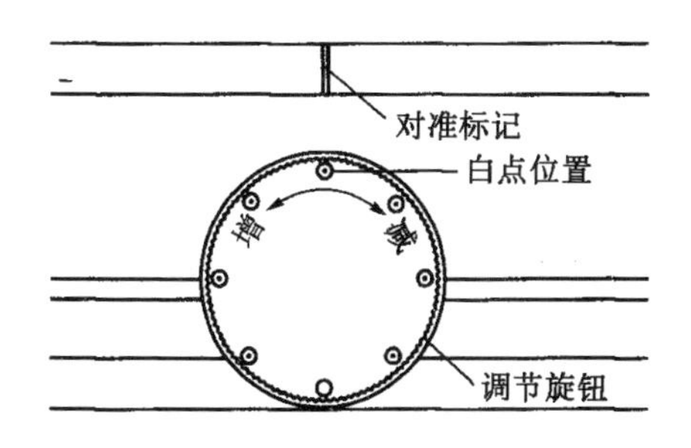

图 4-16　播种刷的间隙调节（二）

（四）作业与调整

（1）播种作业。播种前须拆下振动板。在每列秧盘的起始和最后位置放上空秧，在漏斗内放入适量芽谷，合上离合器，从空箱位置开始播种。采用软盘育秧的，播种作业前，要在软盘两侧，平行铺放导轨，以便播种机顺畅平稳作业。

播种前应断开离合器推动播种机，确认是否能顺畅移动；播种作业过程中，中途不要停顿，应持续匀速播种到最后。

（2）覆土作业。振动板可以消除拱土现象，使土粒覆盖得更均匀，因而在进行覆土作业时应将振动板安装在漏斗上。见图 4-17。

与播种时一样，覆土量通过组合滑轮和调节旋钮进行调整，覆土量因土质及湿度而不同，根据覆土量的多少，有时需要进行两三次覆土作业。

在漏斗内装入床土，匀速作业，覆土以盖没种子为宜，切

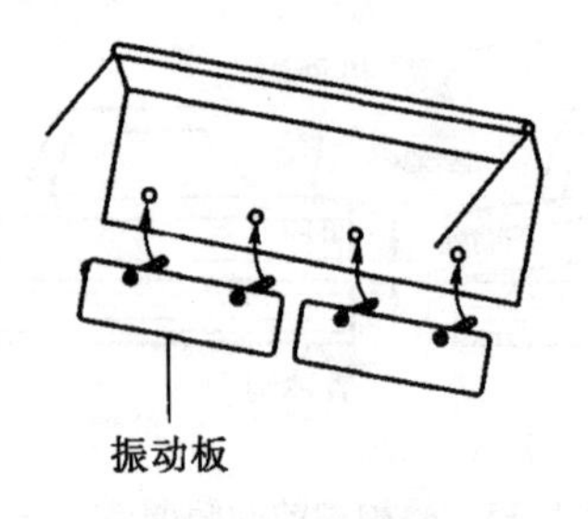

图 4-17　振动板安装示意

忌覆土过厚。

二、水稻盘育秧播种机

该机由播种总成、覆土总成、传动系统以及机架等组成。它的动力由电机提供，在没有电源的条件下，可通过人工手摇作为动力。动力经传动系统传动播种轴，并带动播种轮转动，再经离合器传动覆土轴，带动覆土轮转动。秧盘通过机架上的滚轮在机架上移动，先后经过播种装置、覆土装置，一次完成播种、覆土作业。

（一）机具各部分名称

水稻盘育秧播种机主要由播种总成、覆土总成、传动系统以及机架等组成，其结构见图 4-18。

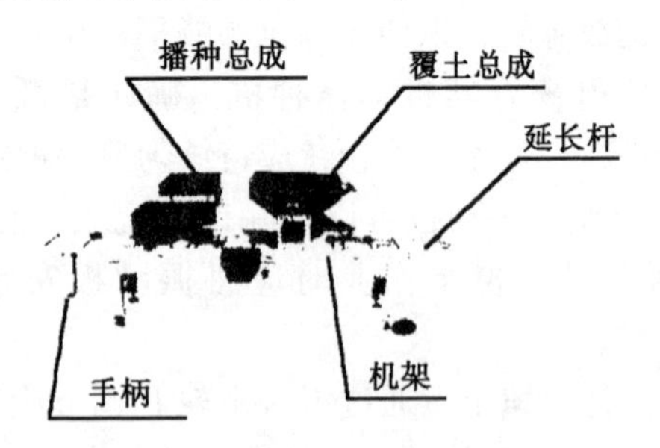

图 4-18　水稻盘育秧播种机结构

（二）机器装配要求

（1）整机的安装要求。播种作业季节前，要安装调试好播种机。组装调试的要求如下。

①先装配好机架，调节支撑螺丝，保证机架横梁纵、横方向均水平，最后锁定支撑螺丝。

②将播种部分、覆土部分分别安装到机架上，调整固定螺丝张紧播种部分的链条、覆土部分的皮带，并保证链条和皮带的运动在同一平面内。

（2）其他部件的安装要求。

①电机的安装：将电机和罩壳一起安装到机架上。调整电机链轮固定螺丝和传动轴链轮的固定螺丝，保证链条在同一平面内运动。调整电机的固定螺丝，使电机与传动系统的链条处于适宜的张紧状态。

②手柄的安装：在没有电源的条件下，可通过手柄进行人工手动作业。

③接种盒的安装：接种盒插入两侧板导槽，然后安装防溅挡板。接种盒用于盛接毛刷刷出的秕种、枝梗等以及多余的种子，接种盒中有 2/3 杂物时即应清除。

④接种筐的安装：将接种筐从种箱下方的一侧插入使用。接种筐用于盛接排种轮排出的多余种子，该种子可倒入种箱内继续使用。

（三）作业准备和作业调整

（1）操作前的准备。应放置在平坦的场地上进行播种作业，当机体不水平时，可通过调节机架底部的四个支撑螺丝来实现机架的水平。

（2）秧盘导板的调节。当秧盘通过不畅的时候，请调节旋钮，使秧盘尽可能于机架当中通过，减少阻力。

（3）播种量的调节。主要是通过链轮组合来进行的：本机共设有 3 组链轮，一组为 19~21 齿，另一组为 27~33 齿，还有一组为单个链轮 22 齿，可以组合成 11 个挡位播种量。表 4-6 列出了链轮组合与理论播种量的参考关系。由于所播稻种、芽长及水分含量的不同，实际播量同理论的播量会产生偏差，请在使用过程中实地测试。

表 4-6　链轮组合与理论播种量

<table>
<tr><td rowspan="2">理论播量（克）</td><td>常规稻</td><td colspan="2">65</td><td colspan="2">75</td><td colspan="2">85</td><td colspan="2">95</td><td colspan="2">105</td><td colspan="2">120</td><td colspan="2">135</td><td colspan="2">145</td><td colspan="2">160</td><td colspan="2">175</td><td colspan="2">185</td></tr>
<tr><td>杂交稻</td><td colspan="2"></td><td colspan="2">50</td><td colspan="2">55</td><td colspan="2">60</td><td colspan="2">66</td><td colspan="2">72</td><td colspan="2">80</td><td colspan="2">85</td><td colspan="2">91</td><td colspan="2">100</td><td colspan="2">110</td></tr>
<tr><td colspan="2" rowspan="2">链轮组合</td><td>A</td><td>B</td><td>A</td><td>B</td><td>A</td><td>B</td><td>A</td><td>B</td><td>A</td><td>B</td><td>A</td><td>B</td><td>A</td><td>B</td><td>A</td><td>B</td><td>A</td><td>B</td><td>A</td><td>B</td><td>A</td><td>B</td></tr>
<tr><td>33</td><td>19</td><td>33</td><td>22</td><td>27</td><td>21</td><td>22</td><td>19</td><td>22</td><td>21</td><td>21</td><td>22</td><td>19</td><td>22</td><td>21</td><td>27</td><td>19</td><td>27</td><td>21</td><td>33</td><td>19</td><td>33</td></tr>
</table>

注：需对播量进行微量调节时，可对圆柱形毛刷的位置进行上、下调节，出厂时位置设定在标准挡。

调整时先将外壳拆下，找到如图 4-19 所示区域。圆柱形毛刷轴左右相同的位置上设有轴承板。松开左右轴承板上的螺栓，按图示的三个位置进行调节，调节到需要的位置后，拧紧调节螺栓。观察口位置在①时，播量减少 5%～10%；观察口位置在②时，播量为标准播量；观察口位置在③时，播量增加 10%左右。

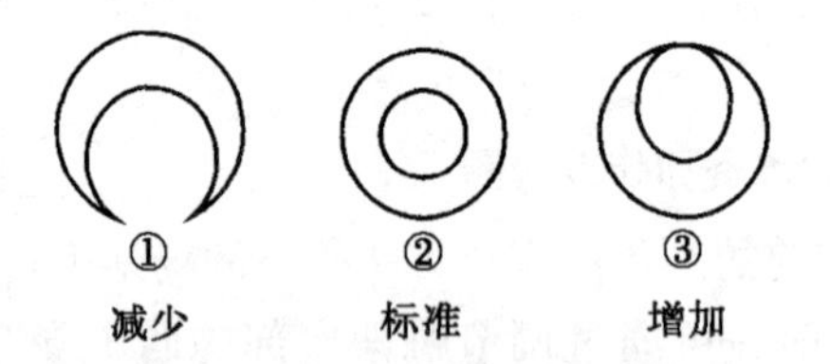

图 4-19　圆柱形毛刷位置观察口示意图

三、育秧播种流水线

育秧播种流水线采用标准硬盘进行播种。实际生产中，为降低育秧成本，用脱盘的方法，即用硬盘作“母盘”进行脱盘周转，软盘作“子盘”播种育秧，在秧田进行育秧立苗。它可以一次完成铺撒床土、刷平、淋水、播种、覆土等作业环节，并能实现量化调节，自动化程度高，作业质量稳定可靠，有效提高了播种效率，育秧效果好。

（一）主要技术参数

该流水线主要技术参数：外形尺寸长×宽×高为 5 404 毫米×520 毫米×1 150 毫米；结构重量 315 千克；配套电动机功率 250 瓦、转速71 转/分电动机 1 台，140 瓦电子调速电机 1 台，180 瓦自吸水泵电机 1 台；箱体容积床土箱 65 升，种子箱 20 升，覆土箱 50 升；播种效率 600 盘/小时及 1 000 盘/小时两挡；在播种状态下，排种均匀度：空穴率小于 3%，合格率大于 90%；排种量稳定性变异系数不超过 5%。

工作流程：空盘→铺土→刷平→灌水→播种→覆土→完成。

（二）安装与调整

（1）机器前后机架的安装。安装场地必须平整，安装时，先将机架连接处罩壳卸下，使前后机架主梁的上、下平面及内侧面各自对齐，用水平尺对机架进行调平，机架调平后用连接板将前后机架连接紧固，再用水平尺复查整个机器是否平整，检查合格后，将前、后机架的传动链条装上。

（2）喷水装置的安装。将软管与水泵的进水管相连，软管与水源接通，开机前将水泵灌满水。

（3）接通电源。拆开控制柜包装箱，将控制柜安装在后机架 4 个 M10 螺栓上，按顺序分别将播种机插头（四芯插头）、250 瓦主传动电机插头（三芯插头）、180 瓦水泵电机插头（二芯插头）插上后，再将三相电源线与三相电源相接。

（4）试运转。整机安装结束后，将防护罩壳全部打开，检查各零部件在运输、搬运过程中有无损伤，紧固件是否松动。一切正常后，用机油枪在各传动部件上加润滑油，包括链轮、链条、轴承等传动件，然后将防护罩罩上，开机试车，观察空运转情况，正常运转 10~15 分钟即可开始生产作业前的调试工作。

（三）作业条件要求

按照机插育秧的有关要求提前准备好秧盘、床土、种子等物资材料。

秧盘为 58 毫米×28 毫米的通用标准的硬塑盘。为了节约育秧的成本，生产上通常采用硬盘作托盘周转，衬以标准软盘，播种后将软盘脱盘到秧床进行育秧管理。软盘必须平整规范。

本机对芽谷湿度很敏感，芽谷湿度不宜过大，稻种之间不能有黏结。一般以芽谷抓在手上，放开后稻种能自然撒落不黏手为宜。如果稻种黏手，证明芽谷湿度太大，必须经摊晾后才能播种，否则将影响播种量的稳定性和播种均匀性，用户要十分注意这一点。此外，本机用水的水源要清洁，水中不能有漂浮杂物，以免喷水孔堵塞。

（四）操作与使用

（1）确定小时生产率。本机有两挡速度，即生产效率 600 盘/小时和 1 000 盘/小时两挡。速度的变化是靠变换床土箱下主传动轴链轮来实现的，主传动轴传动链轮齿数为 27 齿时，秧盘输送速度为600 盘/小时，换上齿数为 17 齿的链轮时，秧盘的输送速度为 1 000 盘/小时，用户可根据需要，自主调换（图 4-20）。出厂时该机安装的主传动链轮为 27 齿，即生产率为 600 盘/小时。

（2）床土。排土量的调节是靠旋转齿条轴，使土门上下移动，改变土门与橡胶输送带间隙控制排土量。调试时，秧盘匀速移动，合上床土箱离合器，旋转齿条轴，使土门的开口调整到排出的土量经毛刷滚筒刷后正好达到所需厚度（一般床土厚度为 18~20 毫米）后，将齿条轴锁定即可（图 4-21）。

（3）刷土。通过调整毛刷滚筒与秧盘的间隙来调整铺土厚

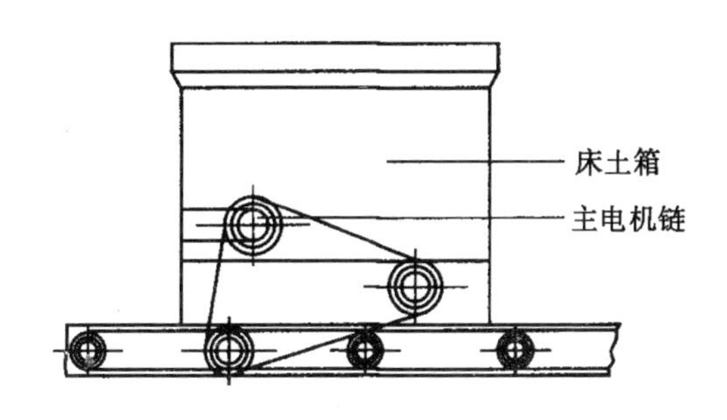

图 4-20　床土箱与主传动轴链轮示意图

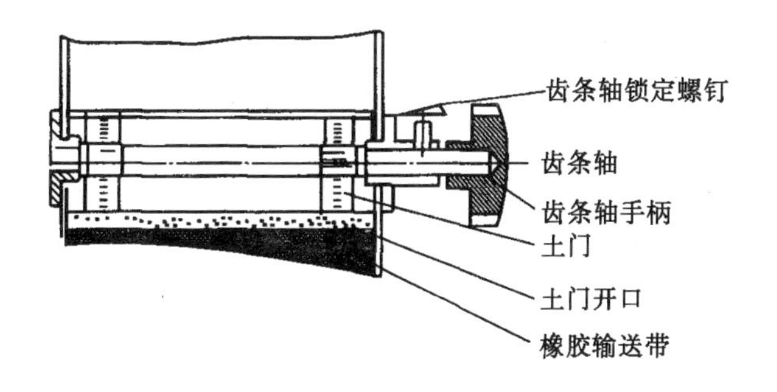

图 4-21　排土量控制装置

度，毛刷滚筒上下调整是靠改变左右滑块的高低来实现的。具体操作：打开刷土装置罩壳，调整滑块高度，调整到床土的厚度达到要求即可（图 4-22）。

（4）喷水装置。喷水量的大小要因不同的土质、不同的床土湿度来定，原则是床土最底层的土正好湿透。喷水量的大小靠调整水的压力、控制水的流量来实现，一般工作压力为 0.08 兆帕（注：仅为参考工作压力）。

（5）播种。播种装置是本机的核心装置，具体调试程序如下。

①首先确定生产率：本机生产率有 600 盘/小时、1 000盘/

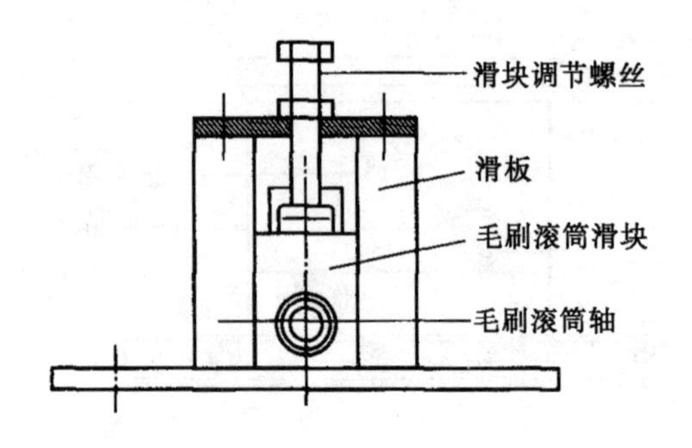

图 4-22　刷土装置

小时两挡，由用户确定，若用户确定 1 000 盘/小时生产率，则打开控制柜门，门的左上角有一个转换开关，将开关拨指 1 000 盘/小时即可（注：出厂时生产率设定在 600 盘/小时上）。

②确定每盘播量：根据当地农艺要求，确定每盘所需的播量，将播量值设定在控制柜的播量设定键上（如用户需设定 180 克/盘播量，即将设定键按到“180”数字即可。开机后显示屏上显示的将是 180 克/盘的播量）。

③根据生产率、播量，确定充种板的规格：种子箱内的充种口的大小，直接影响充种，充种口的大小一定要与生产率及播量相协调，充种口过大，大量种子将滞留在毛刷滚筒处，而影响播种精度；充种口过小，种充不满窝穴，也将影响播种精度，所以本机根据不同的生产率和播量，配有 2 块不同规格的充种板，有开口为 25 毫米、35 毫米两种规格。

一般情况下，生产率在 600 盘/小时，播种在 160 克/盘以下选用 25 毫米充种板；在 160 克/盘以上选用 35 毫米充种板。生产率在 1 000 盘/小时，可直接选用 35 毫米充种板。

④充种：选定充种板后，在播种箱加种子，打开播种装置毛刷滚筒罩壳，开机观察充种情况，调整左右滑块的高度，使毛刷滚筒与排种轮的间隙，能确保排种轮每穴的种子数为 3～4 粒。

⑤播量调整及控制：开机，用空秧盘试播3~5盘，然后倒出种子用天平称每盘重量，取平均值，若平均值大于设定值（注：由于稻种的千粒重、含水量有差异，设定值和实际值可能有误差，必要时经微调才能消除误差）。将控制柜微调旋转扭逆时针旋转播量将减少；若称得平均值小于设定值，将微调旋转扭顺时针旋转，实际播量将逐渐增大，直至实际播量与设定播量一致。

⑥盖上罩壳，整个播种装置调整结束，可进行生产作业。

（6）覆土。覆土量的调节同床土箱调节一样，所不同的是覆土土层薄，一般不超过6毫米厚，均匀度要求高，不能有露种情况，覆土后10分钟内盘面干土应自然吸湿无白面。调整时注意土门的开口，调好后将调节齿轴锁紧。

播种结束后可在田间脱去硬盘，置软盘于秧床上；也可在室内叠盘增温出芽后，移至秧田进行脱盘。脱出硬盘时，软盘在秧床上横排两行、依次平铺，做到紧密整齐，盘底与床面密合。

第六节 水稻抛秧机

水稻抛秧栽培技术是20世纪70年代国内外研究应用的一种水稻栽培方法。它采用软塑穴盘育秧，育秧时每穴秧苗相互独立，当秧苗生长到适合抛栽时，将秧苗从秧盘中取出，均匀地撒于水田，靠秧苗根部土坨下落时的力量掼入泥浆状的田间，从而完成栽植作业。以抛栽替代了传统的插秧作业，大大减轻了劳动强度，提高了劳动效率。

一、水稻抛秧的特点

水稻抛秧的优点是：不缓苗，效率高，栽植浅，返青快，分蘖早，具有早熟和增产作用；抢农时，缩短插期，保证适时插秧；省工，减轻劳动强度，降低成本，技术简便易行；对田块要求不太严格。但存在以下不足：抛植的秧苗无序化分布，均匀度差，不能充分利用光照、地力，特别是后期通风透光性差，株与株、穗与穗之间差异较大；基本苗难以控制，分蘖控制更难，高峰苗易过头，成穗率低，产生病虫害概率高；根系分布浅，易倒伏；受天气条件影响大，遇风雨天气时难以操作，特别是抛秧后遇大风雨，会将秧苗吹向田边，造成损失；服务用工较多，实际应用效率和效益不高。

二、抛秧机的工作原理

抛秧机具按秧苗落地方式可分为有序和无序两种。无序的机型有采用离心甩盘式机构的抛秧机，作业时用人工将钵苗从穴盘中拔出，连续放入旋转甩盘，钵苗在离心力作用下呈抛物线甩出，根部土钵落地入土，由于落地自由离散，无规律，故称“无序”；有序的机型有行抛机或摆秧机等，采用机械或人工的方法将钵苗或平盘毯状秧苗从盘中分离出来，放入导苗管落到田面，因钵苗落地成行，故称“有序”（图 4–23），这种有序抛秧可以成行，株距也大致可以控制，与插秧相似，通风透光，有利于水稻后期生长，农民容易接受。抛秧机必须使用穴盘培育的带土钵秧苗。

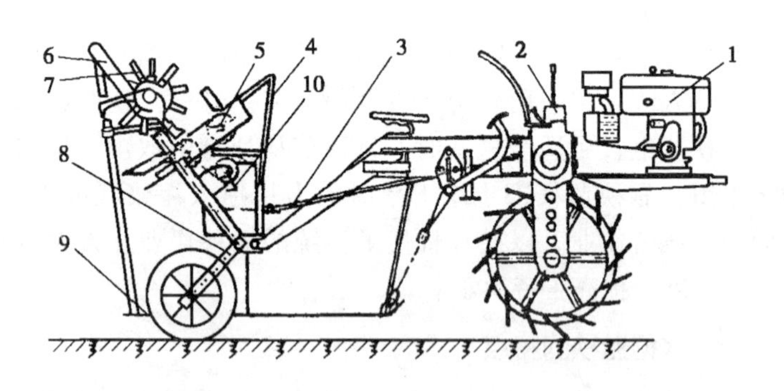

图 4–23　水稻抛秧机

1. 发动机 2. 行走动力总成 3. 万向节传动轴 4. 抛秧托盘总成 5. 纵向进给机构 6. 机架总成 7. 机械手滚筒总成 8. 行走轮 9. 船板 10. 工作传动箱

第七节 水稻直播

水稻直播不需要秧田，还省去育秧和移栽的工序，每公顷可节省45个移栽用工，是一种低成本水稻种植技术，可以实现水稻生产全过程机械化。以往水稻直播应用的主要障碍是不容易控制草害，现在，除草剂的使用已解决了这一问题，目前水稻直播面积在我国呈上升趋势。水稻直播是直接把稻种用播种机播入大田的一种水稻栽培技术，水稻直播技术有水直播和旱直播两种。为了提高水稻直播的产量，要求直播水稻的播种期应避开寒潮，并进行严格的田间管理和除草，加强农田水利排灌系统建设，以实行适度规模经营。我国的水直播机型以穴播为主，多数机型可播经浸泡破胸挂浆处理的稻种，有的还可播催芽后的（芽长3毫米内）稻种；旱直播机型以条播为主，多采用小麦条播机在未灌水的田块直接播种，播深控制在2厘米以内，这种方法对地块平整度的要求较高。

水稻旱直播有两种栽培技术，一是在旱地状态对稻田进行耕耙整地，然后，旱地播种，播后灌浅水，待稻种发芽、幼根出齐后排水，使田间保持湿润，水稻长至二叶期时再恢复灌水，以后按水稻常规方法管理；二是采用旱种技术，即旱整地，旱地播种，苗期旱长，直到四叶以后才开始灌水，以后按水稻常规方法管理。水稻旱直播生产过程归纳为：选种→耕整土地→平整田块→设置排水沟→施基肥→播种→镇压→小排水沟浸水→田面浅浸水。

水稻水直播是将稻田水耕水整，田面保持水层播种的一种栽培技术。水直播对田面平整度的要求高，为了方便排灌，防止烂种、烂秧，应将大田块变成若干小田块。同时在播前，种子应进行处理，包括晒种、消毒、催芽等，播种时将已露白的种子晾干，倒入播种机内进行播种，播种后，秧田保持微薄水层，待秧苗长至1~2叶时，浅灌水，保持至苗齐。然后排水晒田，至开裂时再灌浅水。播种的同时施足底肥，结合中耕进行适当的除草、喷洒农药等。

直播技术在消除田难平、苗难全、草难除问题后，被认为是节本增效的水稻生产技术。具有以下优点：机械直播操作最简单；机械投资成本最低；用工最省；总作业成本最低；但存在以下不足。

（1）不利于稳产高产。由于直播省略育秧环节，因而播期推迟20~25天，营养生长期缩短，成熟期推迟。

（2）杂草控制较难。水稻直播后全苗和扎根立苗需脱水通气，而化学除草需适当水层，加之水稻直播后稻苗与杂草竞争能力远较移栽弱，易滋生杂草。

（3）出苗受天气条件影响较大。播种后如遇低温阴雨天气，容易烂种死苗。

第五章　农业机械修理技术

第一节　农业机械的用途及分类

农业机械是指在作物种植业和畜牧业生产过程中，以及农、畜产品初加工和处理过程中所使用的各种机械。农业机械化是现代农业的物质技术基础，是农业现代化的重要内容和标志。

农业机械化是农村先进生产力的标志，是改造传统专业，发展农村经济，全面建设小康社会的重要途径。

一、农业机械的用途

1. 农业机械极大地提高了农业劳动生产率和商品率

农业机械（包括动力机械和作业机械）没有人力、畜力那种生理条件的限制，以人畜力无法比拟的大功率、高速度、高质量进行作业，从而大幅度地提高了劳动生产率，另外，这种机械化农业广泛实行了专业化和社会化生产，它意味着几乎卖出全部农产品，也全部买进所需要的生产资料和生活消费品，包括种子、肥料和食品等，因而农产品商品率也相应提高。

2. 农业机械是提高土地产出率与资源利用率的重要手段

这是因为现代农业机械不仅功率大、速度快，还能够同时进行几种作业的联合作业，有利于抢农时、争积温、抗灾害、降成本，而且它的结构和功能可以根据需要设计制造和调节，以完成高精度的作业，做到“定时、定量、定质、定位”作业。如深耕深松、种子精选、精量播种、化学除草、喷药治虫、深施化肥、喷灌、滴灌等，这些机械作业质量非人工可比，成为实现现代农业技术措施的手段。

3. 降低了农业生产的劳动强度，缓解了劳动力短缺的矛盾

随着我国人口城镇化程度加快，青壮年劳动力结构性短缺，农业劳动力成本持续提高的情况下，农业机械的发展，特别是大型农业机械从播种到收割全过程服务实行之后，降低了农业生产的劳动强度，彻底解决了以往外出务工农民农忙季节返乡务农的后顾之忧，既节约了期间的路费支出，增加了相应的收入，更主要的是对农民外出就业的促进意义重大。

4. 农业机械的利用起到保护环境的作用

低排放、低噪音、低震动的农用动力，农村新能源和农业循环经济等农业机械的开发利用，有利于环境保护。联合收割机将稻草粉碎还田，可以解决农作物秸秆焚烧问题，并可以增加土壤有机质含量。喷滴灌深施化肥和液态肥可以免除化肥散施造成的环境污染。新颖农业机械生产，还可以打破犁底层，增强土壤的通透性，有效改善土壤的团粒结构，促进地下水位上移，提高土壤的能力。

另外农业机械还促进了农业新技术的发展，推动了农业的社会化和商品化生产。我们只有对现代农业装备和农业机械及其作用有了全面、正确和科学地认识，并且认识随着时代的发展与时俱进，才能始终树立正确和科学的思想观念，才能指导农机事业沿着正确的道路发展，并将其推向高潮，从而走向成功。

二、农业机械的分类

广泛意义的农业机械，其范围较大，种类较多，可以说凡是农、林、牧、副、渔业生产过程中所用的各种机械，统称为农业机械。一般可按以下 4 种方法分类。

（1）按农业机械作业性质可分为农田耕作机械、收获机械、场上作业机械、农副产品加工机械、排灌机械、植保机械、装卸运输机械以及畜牧、林业等其他机械。

（2）按动力可分为人力机械、畜力机械、机力机械及风力

机械等。

（3）按耕作制度分为平原旱作机械、水田机械、山地机械及垄作机械等。

（4）按用途及农业生产过程分类，由农业部农机试验鉴定总站和农业部农业机械维修研究所共同起草，农业部审查批准的《农业机械分类》农业行业标准（NY/T 1640—2008）于2008年7月14日正式发布实施。按用途及农业生产过程规定了农业机械（不含农业机械零部件）的分类及代码。本标准适用于农业机械化管理中对农业机械的分类及统计，农业机械其他行业可参照执行。该标准采用线分类法对农业机械进行分类，共分大类、小类和品目三个层次，并规定了各自的代码结构及编码方法。标准中规定，农业机械共分14个大类，57个小类（不含“其他”），276个品目（不含“其他”）。具体如表5-1所示。

表5-1　农业机械的分类

大类	机具大类类别名称	名称代码示例
01	耕整地机械	铧式犁 010101 圆盘耙 010203 深松机 010111 旋耕机 010105
02	种植施肥机械	免耕播种机 020108 施肥机 020401 地膜覆盖机 020501
03	田管植保机械	中耕机 030101 机动喷雾喷粉机 030203 手动喷雾器 030201
04	收获机械	自走轮式谷物联合收割机 040101 自走式玉米收获机 040202 割捆机 040109
05	收获后处理机械	玉米脱粒机 050102 粮食烘干机 050401
06	农产品初加工机械	碾米机 060101 磨粉机 060203
07	农用搬运机械	农用挂车 070101 农业运输车辆 070103
08	排灌机械	离心泵 080101 喷灌机 080201 微灌设备（微喷、滴灌、渗灌）080202

（续表）

大类	机具大类类别名称	名称代码示例
09	畜牧水产养殖机械	青贮切碎机 090101 铡草机 090102 挤奶机 090301 增氧机 090401
10	动力机械	手扶拖拉机 100102 履带式拖拉机 100103 25 马力（不含）以下轮式拖拉机 100105 25 马力（含）至 80 马力（不含）轮式拖拉机 100106
11	农村可再生能源利用设备	风力发电机 110101 太阳能集热器 110301 沼气灶 110402 秸秆气化设备 110403
12	农田基本建设机械	挖掘机 120101 挖坑机 120103 推土机 120104
13	设施农业设备	卷帘机 130102 保温被 130103 加温炉 130104 苗床 130306
14	其他机械	废弃物料烘干机 140102 卷扬机 140301 绞盘 140302 计量包装机 140201

分类中大类确定的原则主要是要考虑尽可能与《农机具产品型号编制规则》（JB/T 8574—1997）中农机具产品的大类及其代号不冲突，同时又适应农业机械产品发展新需要。根据实际发展需求，标准中新增“动力机械”“农村可再生能源利用设备”“农田基本建设机械”和“设施农业设备”4 个大类。在同一大类中，按产品特性、作业功能或作业对象划分，将所有农业机械产品划分为耕地机械、整地机械、播种机械等 57 个小类。结合农业结构调整的需要，对于可以按作物对象划分，也可以按产品特性和作业功能划分的，则以作物对象划分为主，为制定支持农业关键环节的相关政策提供支持。对于每一小类，标准列举了若干品目。在广泛调研和参考相关资料的基础上，品目里尽量收集了现阶段主要的农业机械产品。对于特殊农业机械产品及新增机具，在小类及各小类的品目中设立了带有“其他”字样的收容项，并用数字尾数为“99”的代码表示。

三、农机具型号

每台农业机械都有自己的型号，它表明了该机械的类型、主要特征和基本性能。产品的编号与命名是按 1998 年 1 月 1 日开始实施的 NJ 89—1974《农机具产品型号编制规则》修订标准来确定的。产品全称包括产品牌号、产品型号和产品名称三部分。具体说明如下。

1. 产品牌号

产品牌号主要用于识别产品的生产单位。产品牌号可用地名、物名和其他有意义的名词命名，列于产品名称之前。产品转厂生产时，牌号可以改变，型号不得改变。

2. 产品名称

产品名称应能说明产品的结构特点、性能特点和用途。产品名称应简明、通俗、易记。产品名称一般应由基本名称和附加名称两部分组成。

基本名称表示产品的类别。

示例：犁、耙、播种机、碾米机。

附加名称用以区别相同类别的不同产品，应列于基本名称之前。

示例：圆盘耙、背负式喷雾器。

3. 产品型号

产品型号由汉语拼音字母（以下简称字母）和阿拉伯数字（以下简称数字）组成，表示农机具的类别和主要特征。

产品型号依次由分类代号、特征代号和主参数三部分组成，分类代号和特征代号与主参数之间以短横线隔开。

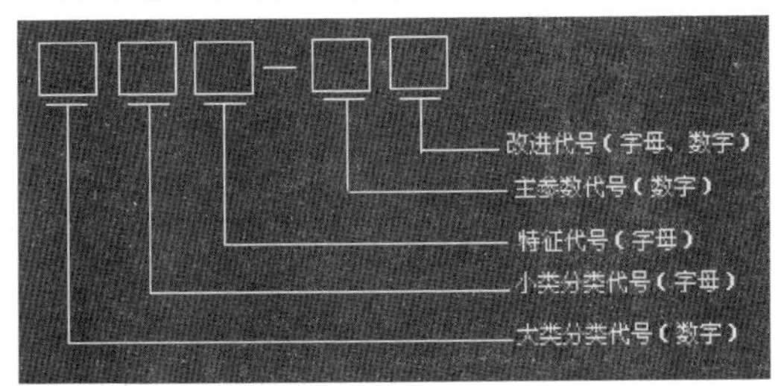

分类代号由产品大类代号和小类代号组成。

①大类代号：由数字组成，按表 5-2 的规定。

表 5-2 农机具产品大类代号

机具类别和名称	代号	机具类别和名称	代号
耕耘和整地机械	1	农副产品加工机械	6
种植和施肥机械	2	运输机械	7
田间管理和植保机械	3	排灌机械	8
收获机械	4	畜牧机械	9
脱粒、清洗、烘干和贮存机械	5	其他机械	(0)

注：属于其他机械类的农机具在编制型号时不标出“0”。

②小类代号：以产品基本名称的汉语拼音文字第一个字母表示。为了避免型号重复，小类代号的字母必要时可以选取汉语拼音文字的第二个或其后面的字母。如犁用 L、播种机用 B、收割机用 G 等。

③特征代号：由产品主要特征（用途、结构、动力型式等）的汉语拼音文字第一个字母表示。为了避免型号重复，特征代号的字母，必要时可以选取汉语拼音文字的第二个或其后面的字母。与主参数邻接的字母不得用“I”“O”，以免在零部件代号中与数字混淆。需要注意：为简化产品型号，在型号不重复情况下，特征代号应尽量少，个别产品可以不加特征代号。

④主参数代号：用以反映农机具主要技术特性或主要结构的参数，用数字表示。

⑤改进代号：改进产品的型号在原型号后加注字母“A”表示，称为改进代号。如进行了几次改进，则在字母“A”后加注顺序号。

示例：2B-16A1 播种机，则表示是进行了第一次改进。

编制联合作业机具或多用途作业机具的型号时，应将其中主要作业机具的类别代号列于首位，其他作业机具的代号作为特征代号列于其后。

示例：播种施肥机型号为 2BF－XX（B——播，F——肥，XX——行数）

现在就以 1LYQ－722 型号为例，对它所代表的含义说明如下。

1 表示机具的类别。数字 1 表示机具的分类号，1 表示耕耘和整地机械，按标准，农机汉语拼音字母 L，为耕整地机械的类别号，它以该产品的基本名称的汉语拼音字头来表示，L 是“犁”字的汉语拼音字头。YQ 是产品型号的第二部分，它是产品的特征代号。汉语拼音字母 Y，表示该机的工作部件是圆盘，Y 是“圆”字的汉语拼音字头。汉语拼音字母 Q，表示该机的工作部件为驱动式，Q 是“驱”字的汉语拼音字头。标准规定，从动式的工作部件不标字母。722 是产品型号的第三部分，它表示机具的主参数。它也分为两部分：其中 7 表示工作部件的个数为 7 个；后两位 22，表示单个工作部件的耕幅为 22 厘米。所以 1LYQ－722，表示这是一台驱动圆盘犁，总耕幅宽为 154 厘米。

产品全称包括产品牌号、产品型号和产品名称三部分。

四、农业机械的发展

我国的农机工业近年来得到很大发展，可生产十六大类 103 小类 4 000 个品种的各种农机产品。中马力轮式拖拉机、小型联合收割机、小型碾磨和制粉加工机组出口东南亚、非洲和美国等国家和地区。但由于我国农机工业起步较晚，加上农业经济发展到 21 世纪中叶实现农业现代化的要求和加入 WTO 后全球经济一体化的挑战，尚存在许多差距：农业装备新产品研制开发落后，不能满足农业生产需要；企业整体生产加工水平低，影响产品质量提高；以企业为主导的销售维修服务体系尚未形成是影响市场占有率的关键；市场无序竞争影响农机工业的健康发展。

第二节 农业机械常用油料

油料在农业机械中广泛使用，它是农业机械的动力来源和安全运行保障。在生产中，油料费用占机械作业成本的25%~35%，同时油料的性能和品质直接影响农机的技术状态和使用寿命。所以熟悉油料的分类、品质与牌号，正确地选用油料，对降低机械作业成本，增加农机作业收益具有重要意义。

一、农机常用油料的分类

农业机械常用的油料有柴油、汽油、润滑油（机油、齿轮油、润滑脂）、液压油。

二、农机常用油料的使用

（一）柴油

据近几年统计资料表明，全国农业生产一年要用近一千万吨柴油。随着农机化事业的发展，农用动力还将增加，所以农业是全国消耗柴油最多的一个部门。

1. 柴油的性能指标

（1）黏度。常温下柴油的稠稀程度和流动性的指标。黏度大，流动困难，雾化质量差，与空气混合不均匀，燃烧坏，冒黑烟；黏度低，柱圈密封不好，易渗漏，形不成油膜，零件易磨损。

（2）凝点。油料失去流动性的温度，当温度下降到使柴油失去流动性而凝固时的温度点称凝点。为了使发动机在低温时正常运转，要求柴油有较低的凝固点。我国规定以凝固点作为柴油的牌号。

（3）馏程是测定柴油蒸发性能的指标之一，常以规定温度下馏出的容积百分数表示，或馏出的容积百分数下的温度表示，对柴油来说，由于柴油混合燃烧时间很短，蒸发性不好，就来不及蒸发，燃烧不完全，所以高速柴油机采用馏程低的轻柴油，低速柴油机则选用重柴油。

（4）十六烷值是评定柴油在燃烧过程中粗暴性程度的重要指标。十六烷值愈高，自燃着火温度则低，着火容易，但十六烷值不能太高。当大于65时发动机反而冒黑烟，油耗增加。所以柴油的十六烷值一般规定在40~60。

（5）闪点在规定条件下加热油料。它的蒸气与空气混合后当接触火焰后有闪光发生。这时油的温度称为闪点。闪点的高低表示油料在高温下的安定性。

另外柴油还有腐蚀性，积炭性和结胶性等。只有了解了柴油的性能指标，才能正确选用柴油的牌号。

2. 柴油的牌号

柴油的牌号是以凝固点来表示的。在我国目前农业机械中规定使用的柴油有0号、10号、20号、35号和农用20号等。它们的凝固点分别为0℃、-10℃、-20℃、-35℃、+20℃，选用时根据当地的气候条件而定（表5-3）。

表5-3 轻柴油牌号的选用

油品号	适用范围
10号	拖拉机及高速柴油机在气温高于13℃的地区和季节使用
0号	适用于全国各地区4—9月、长江以南地区冬季使用但气温不得低于3℃
-10号	适用于长城以南地区的冬季使用
-20号	适用于黄河以北地区的冬季使用
-35号	适用于气温不低于-32℃的严寒地区使用

3. 柴油的选用

柴油的选用主要依据农业机械使用的环境温度和经济性。为了保证柴油发动机正常工作，应根据不同地区和季节选用不同牌号的柴油，由于凝固点低，价格高，一般选用柴油时要求柴油的凝固点比该季节的最低气温低3~5℃，如气温在-12℃时可选用-20号轻柴油。具体选用可参照表5-3。

（二）汽油

1. 汽油的性能指标

汽油的性能指标包括辛烷值、馏程、饱和蒸气压等。

（1）辛烷值是衡量汽油抗爆性能的指标。辛烷值越大，抗爆性能愈好。为了提高汽油的辛烷值。可用铅作催化剂加入汽油。

（2）馏程指油料在规定温度下的沸点。一定温度范围内蒸发成分的百分比是评定油料蒸发性能的指标。如果油料的50%馏出温度低，说明这种油料蒸发性好，如果油料的90%馏出温度低，则重质馏分含量少，可减少燃烧时的积炭。

（3）饱和蒸气压是测定汽油蒸发性能不可少的指标之一。通常蒸发性能大的汽油蒸发性较强，但过大则容易形成气阻，堵死进油管。因此规定汽油的蒸气压不得大于500毫米汞柱，则我们将蒸发性大而又不易形成气阻的蒸气压称饱合蒸气压。

2. 汽油的牌号

农机汽油机使用的是车用汽油牌号，按辛烷值的高低划分为66、70、75、80、85五个牌号。数字表示汽油的辛烷值，它是汽油抗爆燃能力的指标。

3. 汽油的选用

农机所用汽油主要要求具有必要的抗爆性，良好的蒸发性和可靠的供给性。选用汽油时，主要依据发动机压缩比的高低，压缩比较高的发动机，应选用辛烷值较高的汽油。反之，压缩比较低的发动机，则选用烷值较低的汽油。汽油的牌号越高，价格也越高，如选用不当，就会造成浪费，且增加成本。合理选用汽油可参照表5-4。

表 5-4　汽油牌号的选用

发动机压缩比	6.20　以下	6.20~7.0	7.0　以上
选用汽油牌号	66	70	85
适用范围	小型汽油机	农用汽油机	大型汽油机

（三）润滑油

润滑油是用来减少机器中相互摩擦零件表面的磨损和摩擦发热的主要油料。内燃机润滑油分为机油、齿轮油、润滑脂三种。

1. 机油

（1）机油的分类与牌号。机油分柴油机机油（又称柴机油）和汽油机机油（又称车用机油）两大类。其规格和牌号有两种分级方法。

①按品质分级：机油的等级指标国际上通常使用美国石油协会（API）标准。API 通常采用两个英文字母来表示，第一个英文字母代表机油适宜的发动机类别，S 代表汽油机油，C 代表柴油机油；第二个英文字母代表机油等级，按字母顺序的先后，第二个字母的编排越后代表品质越高。

②按黏度分级：我国内燃机油的牌号过去是按该油 100℃时运动黏度的数值大小来区分确定的，如普通柴油机油按黏度分为 20 号、30 号、40 号和 50 号四种牌号；汽油机油有 20 号、30 号和 40 号等牌号。现在新的牌号是按最大低温动力黏度、最高边界泵送温度和 100℃时最小运动黏度来划分的。国标 GB/T 14906—1994 将内燃机油分为单级油和多级油，单级油指冬用油或夏用油，共有 0W、5W、10W、15W、20W、25W6 个低温黏度级号和 20、30、40、50、60 等 5 个 100℃运动黏度级号。其中低温黏度级号的内燃机油适用于冬天寒冷地区，100℃运动黏度级号的内燃机油适用于温度较高的地区使用。多级油指柴油机机油能满足冬夏通用要求，其牌号用一斜线将冬夏两个级号

连接起来，如 20W/20 表示该油的低温性能指标达到冬用油的性能要求，高温黏度也符合夏用油 20 号的规格。

（2）机油的选用。机油的选择包括品质和黏度两种，其中品质是首选内容，品质选用应遵照产品使用说明书中的要求选用，还可结合使用条件来选择。机油黏度等级的选用主要依据当地气温及发动机的磨损情况而选用。如气温高时，选用黏度大的柴油机机油；气温低时，选用黏度小的机油；磨损严重的发动机可选用黏度大的机油；值得注意的是，不同种类的机油不能混合使用，更不能用汽油机机油代替柴油机机油；也不允许在柴油机机油中掺入汽油机机油。

2. 齿轮油

我们通常把用于变速器、后桥齿轮传动机构的润滑油叫作齿轮油。

（1）齿轮油的种类和牌号。我国车辆齿轮油的旧分类是按照原苏联标准分类的。根据传动齿轮承受的负荷大小，齿轮油可分为普通齿轮油和双曲线齿轮油两大种类。普通齿轮油按100℃运动黏度分为 20、26、30 号 3 个牌号。双曲线齿轮油按100℃运动黏度分为 18 号、22 号、26 号、28 号 4 个牌号。现在我国按质量分为三类：普通车辆齿轮油（CLC）、中等负荷车辆齿轮油（CLD）、重负荷车辆齿轮油（CLE）。品质按次序后一级比前一级高，使用场合的允许条件一级比一级苛刻。车辆齿轮油黏度分类采用美国汽车工程师学会（SAE）黏度分类法，分为 70W、75W、80W、85W、90、140、250 七个黏度级，其中“W”代表冬用，SAE70W、75W、80W、85W 为冬用油：无“W”字则为非冬用油，90、140 均为夏用油。美国石油学会（APl）的车辆齿轮油使用性能分类法：根据齿轮的形式和负载情况对车辆齿轮油进行质量等级分类，该分类将车辆齿轮油分为 GL-1、GL-2、GL-3、GL-4、GL-5、GL-6 六级。

（2）齿轮油的选用。齿轮油与发动机润滑油的作用有相同之处，都是介于两个运动机件表面间，作用为减磨、防锈、冷却。但齿轮油与润滑油的工作条件相比较，工作温度不很高，油膜所承受的单位压力却很大。

齿轮油的正确选用包括：一要根据齿轮类型确定油品质量档次，一般普通齿轮传动即可用普通齿轮油；蜗轮传动时由于相对滑动速度大，发热量高需选用黏度高、油性好的齿轮油；双曲线齿轮传动的就必须选用双曲线齿轮油。若用普通齿轮油代替双曲线齿轮油，可使双曲线齿轮的寿命由原来的几十万千米缩短到几千甚至几百千米。二要根据最低使用环境温度和齿轮传动装置的运行最高温度来确定黏度等级（牌号）。一般要求齿轮油的凝点低于使用环境6~10℃。在我国北方，拖拉机用齿轮油，冬季选用20号，夏季选用30号，南方地区可全年选用30号。三要根据工作环境确定油品质量档次。大体上来说，齿轮加工精度高的，可选用黏度较小的齿轮油，反之，齿轮加工粗糙、啮合间隙大时，应选用黏度高一些的；齿轮暴露在外、无外壳密封时，齿轮油容易被挤出或甩掉，因而要选用黏度高一些的齿轮油。

3. 润滑脂

润滑脂又称黄油，稠厚的油脂状半固体。用于机械的摩擦部分，起润滑和密封作用。也用于金属表面，起填充空隙和防锈作用。主要由矿物油（或合成润滑油）和稠化剂调制而成。常用的有钙基、钠基、复合润滑脂三种。

农用机械用的润滑脂的正确选用。

（1）钙基润滑脂是由机油、动植物油和石灰制成的稠密的油膏，一般呈黄色或黑褐色，结构均匀软滑，易带气泡，它具有良好的耐水性，沾水不会乳化，适用于与水分或潮气接触的机件润滑。由于它用水做稳定剂，耐热性差，当使用温度超过规定值时就会失水，使润滑脂的结构破坏，所以它不耐高温，通常不超过70℃。适用于汽车、拖拉机和各种农业机械轴承及其他润滑。钙基润滑脂根据其针入度的大小又分为五个牌号，其代号分别为ZG-1、ZG-2、ZG-3、ZG-4和ZG-5。号越大，针入度越小，脂越硬。1号适用于温度较低的工作条件；2号适用于轻负荷且温度不超过55℃的滚珠轴承；3号适用于中负荷、中转速且温度60℃以下的机械摩擦部分；4号、5号适用于温度在70℃以下的重负荷低速机械的润滑。例如中小功率柴油机的冷却水泵轴承的润滑、农用水泵轴承以加注4号钙基润滑脂为最合适。在加注这种润滑脂时，要注意不能加热熔化注入，也不能采用向润滑脂内加其他润滑油的办法来降低其稠度，正确的注入方法是用油枪、刮刀或用手指抹入轴承腔内。

（2）钠基润滑脂由机油和肥皂混合而成，主要特点性能是：颜色由黄到暗褐，甚至黑色，结构松，且呈纤维状软膏，拉丝很长，粒性较大，耐热性能好，熔化后也能保持润滑性。但亲水性强，遇水后被溶解即失效，所以不能用于与水接触和安装在潮湿环境中的机械轴承上。钠基润滑脂按针入度分为ZN-2、ZN-3、ZN-4三个牌号。2号和3号适用于温度不高于115℃的摩擦部分，但不能用于与水接触的部位；4号适用于温度不高于135℃的摩擦部分，也不能用于有水或潮湿的部位。钠基润滑脂一般用于转动较快，温度较高的中型电动机、发电机和汽车、拖拉机的发电机、磁电机的轴承上。

（3）钙钠基润滑脂为混合皂基润滑脂，这种润滑脂的性能介于钙基和钠基两种润滑脂之间，颜色为黄白色，微呈粒状，结构松软，不光滑，不黏手的软膏状，分为ZGN-1和ZGN-2两个牌号。其耐水性比钠基润滑脂强，耐高温性强于钙基润滑脂。适用于高温下工作的轴承润滑，其上限工作温度为100℃。一般用于工作温度不超过100℃的机械润滑部位上，不能用于低温和与水接触的润滑部位上。轴承加注润滑脂，均只能给轴承腔内加注1/2或1/3的容量，不能装脂过多。否则会使轴承发热，起动困难。

总之，根据环境条件和工作特点对油料正确的选用，不仅可以提高工效、降低生产成本，防止事故发生，使农业机械在生产过程中充分发挥作用，达到优质、高效、低耗、安全，而且可以延长机器使用寿命。

4. 液压油

（1）液压油的分类和牌号。用于流体静压（液压传动）系统中的工作介质称为液压油，而用作流体动压（液力传动）系统中的工作介质则称为液力传动油，通常将二者统称为液压油。液压油的黏度分级，液压油黏度新的分级方法是用40℃运动黏度的第一中心值为黏度牌号，共分为八个黏度等级：10、15、22、32、46、68、100、150。液压油的质量分级，普通液压油（HL）、抗磨液压油（HM）、低温液压油（HV、HS）、抗燃液压油（HFAE、HFB、HFC）等。普通液压油（HL）适用于中低压液压系统，牌号有HL32、HL46、HL68；抗磨液压油适用于高压、使用条件苛刻的液压系统，牌号有HM32、HM46、HM68、HM100、HM150等，拖拉机、联合收割机、工程机械应选用此种液压油。

（2）液压油的选用方法。在通常情况下，选用液压设备所需使用的液压油，应从工作压力、温度、工作环境、液压系统及元件结构和材质、经济性等几个方面综合考虑和判断，分述如下。

①工作压力：液压系统的工作压力一般以其主油泵额定或最大压力为标志。按工作压力选用液压油，如表5-5按液压系统和油泵工作压力选液压油。

表5-5　按液压系统和油泵工作压力选液压油

压力（兆帕）	<8	8~16	>16
液压油品种	L-HH、L-HL 叶片泵用HM	L-HL、L-HM、L-HV	L-HM、L-HV

②工作温度：液压系统的工作温度一般以液压油的工作温度为标志。按工作温度选用相应的黏度牌号，在严寒地区的机械宜选用低温液压油。

③工作环境：当液压系统靠近300℃以上高温的表面热源或在有明火场所工作时，就要选用难燃液压油。

注意：如已确定选用某一牌号液压油则必须单独使用。未经液压设备制造厂家同意或没有科学依据时，不得随意与不同黏度牌号液压油，或是同一黏度牌号但不是同一厂家的液压油混用，更不得与其他类别的油混用。

三、农机常用油料识别

农机常用的几种油料，可以通过色、味、手感等一些经验方法进行品种的识别。

1. 轻柴油

茶黄色，有柴油味。用手捻动时，光滑有油感。装入无色透明玻璃瓶中（约2/3高度），摇动观察，油不挂瓶，产生的气泡小，消失稍慢。可通过测定凝固点的方法确定其牌号。

2. 柴油机油

绿蓝到深棕色，刺鼻味。较柴油黏稠，沾水捻动，稍乳化，能拉短丝。装瓶摇动，泡少，难消失，油挂瓶。可通过测定其黏度的方法确定牌号。

3. 齿轮油

黑色到墨绿，焦煳味。黏稠，沾手不易擦掉，能拉丝。装瓶摇动，油挂瓶，很长时间瓶不净。可通过测定黏度的办法确定牌号。

4. 润滑脂

（1）钙基润滑脂呈黄褐色，结构均匀。机油味。沾水捻动时不乳化，光滑有油感，不拉丝。

（2）钠基润滑脂呈黄或浅褐色，结构较松，纤维状，带碱味。沾水捻动能乳化，可拉丝。

（3）钙钠基润滑脂呈浅黄发白色，颗粒状。机油昧，沾水捻动不乳化，不沾手，稍拉丝。

(4) 锂基润滑脂呈浅黄到暗褐色，结构细腻。沾水捻动不乳化，光滑细腻，不拉丝。

(5) 在用机油的简易评定方法。发动机油在使用过程中，受到高温、氧化、燃烧废气的污染和金属的催化作用逐渐老化变质。可用斑痕法进行简易测定。具体做法：在发动机怠速工作或刚熄火后取出油样，待油温下降到20℃左右时，搅拌均匀，把一滴油样滴在水平放置的滤纸上，静置3小时左右，观察斑点的扩散形成。油样滴在滤纸上后，油斑便向四周扩散，形成一个中央有深色核心的斑痕，核心周围有一圈浅色的环带。油内不溶解的杂质集中在核心，机油及其溶解物扩散到核心外边而形成环带。如果核心较大，而且有扩散的花边，表示还有清净分散性，机油可以继续使用。如果核心很小，并且边界十分清晰，其直径不到斑痕直径的1/3，则表明机油中的清净分散剂基本消耗掉，机油的清净分散性很差，应该更换机油。也可以用斑痕法来判决新购机油的质量，核心的直径越大，环带越窄，机油的清净分散性越强；反之，机油的清净分散性较弱。

四、油料的净化与节约用油

1. 油料的净化

油料净化的技术要求可概括为严格密封、加强过滤、坚持沉淀、定期清洗、按时放油、缓冲卸油、浮子取油。

2. 节约用油

农用柴油供不应求，全国每马力配油率逐年下降，因此，要通过多种途径厉行节油：合理配备各种使用机械，根据作业需要，合理选择机型和作业方法；加强油料管理，防止丢、洒、漏、脏；推广节油设备和技术；改革耕作制度、合理轮作，减少土壤耕翻次数和耕作强度。

五、农机常用油料储存

1. 设备齐全洁净

油库一般要配有油罐、油桶、计量净化用具、装卸设备及运油车等。储运油料的设备，其数量依油点年销售量和周转次数而定。

2. 燃油不得混存

一般情况下，油料不得混存，即不同牌号、不同季节使用的油料不能互相储存。若油罐油桶不足而卸油任务紧迫时，可暂时允许同牌号、不同来源的油混存，但同牌号、不同季节使用的油料不能混存。

3. 防止杂质混入

桶装油不应露天存放，这样容易混入杂质使油料变质。汽油最好用油罐储存，以防蒸发损失。

4. 严防烟火静电

油库、油桶等现场不准有火柴、打火机等火种，不准使用明火，不准产生接触火星，防止因静电作用而引起汽油着火。

第三节 农机常用修理五个方法

为保持农业机械完好技术状态或工作能力，使用工具、仪器、设备，对农业机械进行的清洗、检查、润滑、调整、更换、紧固等维护性作业。农业机械维修的范围包括各种农用动力机械、配套农机具和农用运输机械的维修。

1. 调整换位法

将已磨损的零件变换一个方位利用零件磨损轻的部位继续工作。这种修理法不对现有零件进行任何加工，许多对称的轴、齿轮、链条、轮胎都可使用换位法修理。如对称轴换个方向安装、相同的多个齿轮换位置安装、链条错几个位置安装或调换里外面安装、锤片式粉碎机的锤片、自行车前后调换安装。

2. 修理尺寸法

在拖拉机的修理中，有许多零件都规定相应的修理尺寸。如东方红-802 的气缸磨损后，可以修理尺寸镗孔直径加大 0.25 毫米、0.5 毫米、75 毫米、1.25 毫米，同时配用相应加大尺寸的活塞和活塞环。农业机械中轴和套的修理，可以按修理尺寸法加工其中的一个，然后配作另一个。

3. 附加零件法

附加零件法是用一个特别的零件，装配在零件磨损的部位上，以补偿零件的磨损，恢复它原有的配合关系。采用附加零件法的优点是可以在还在破坏原有零件材料的基础上修复磨损严重的零件，只要加工可靠，就能保证修复后的零件质量，能提高原有基本零件的使用寿命。在农业机械修理中，转动件的内外径磨损、座孔磨损都可以镶套后继续使用，薄弱件的加强也可以采用附加零件法，如犁柱、机架强度不足时可用附加件加强。

4. 更换零件法与局部更换法

更换零件法是当零件损坏到不能修复或修复成本太高时，应该用新的零件更换。例如，轴承、齿轮、三角带、播种轮、排种合等。如果零件的某一部位局部损坏时，而其他部分还完好时，也可以将损坏部分去掉，再重新制作新的部分，用焊接或其他方法将新的部分和原有零件的基本部分连接成一个整体，从而恢复零件的工作能力，这种修理方法叫局部更换法。又如播种机开沟器的一侧分土板坏了，可以把坏的部分去掉，做一个新的分土板焊接到原来位置。再比如播种机的链条坏了一节，如果其他链节都完好，就没必要换整条链子，只要把坏的一节换好就行了。

5. 恢复尺寸法

将损坏的零件恢复到技术要求规定的尺寸和性能，修复的零件必须达到零件规定的技术要求。例如轴磨损严重后，可以进行补焊再用车床车到零件要求尺寸，但是要求修复后的轴不能明显变形、硬度和耐磨性不能降低，不能影响使用。

第四节　农业机械维修技巧

经过正式培训并从事农业机械修理的维修工都知道，农业机械修理讲究的是规范性，规范性是保证修理质量的重要因素，当然，实用性和操作性在修理过程中也必不可少，下面介绍一些在修理过程中具有操作性的技巧。

（1）在拆卸收割机或拖拉机上的螺栓时，往往遇到打胶或已经生锈的螺栓，这类螺栓一般比较难以松动，此时，可以用锤子在螺栓头部端面进行适当力度的敲击，以便于松动。

（2）农用拖拉机维修过程中经常遇到新拖拉机出现不提升的情况，此时，首先确定齿轮泵工作，若没有分配器更换或搞不清分配器的工作原理，可将分配器拆下后分解各阀并清洗，然后按顺序装配，此法试车合格率还是很高的，对于刚从事农机维修的维修人员来说很有效。

（3）轮式拖拉机断腰维修时，由于发动机与变速箱结合面过紧或一轴与发动机内轴承过紧，造成不易分开，此时，可慢慢地踩离合器，利用分离轴承与压爪的力，使发动机与变速箱分开，当然，前提是发动机与变速箱要平稳，防止两者分开后塌下。

（4）在维修农用单缸机时，经常要拆缸盖，如拆下缸盖螺母后，缸盖仍难以拆下，可先用锤子在缸盖四周敲几下，然后摇转曲轴，借助气缸压力压下缸盖。

（5）当农机上的壳体接触面纸垫断裂引起渗、漏油现象时，可取下断裂的垫片，将断裂处接好，并在断裂处两面都涂上少许黄油，再剪下与垫片大小相同的薄白纸，在垫片两面各贴一层，这样装机使用，一般可消除渗漏现象。

第六章　农业机械零件鉴定与修复

第一节　农业机械零件鉴定

农业机械零件的鉴定工作指的是采取一系列的手段和方法，如检查、试验、测量等，来科学评定农业机械零部件的技术状态和性能，对其完好程度进行确定。农业机械修理中的零件鉴定工作，包括对旧件的鉴定决定零部件弃取、确定合理修理工艺的依据，又包括对新购买零件的鉴定，去伪存真。零件鉴定工作将直接影响到修理质量和修理成本，因此它是修理工作中的重要环节。

一、零件鉴定的原则

（1）保证质量原则。在检验鉴定过程中，要保证零件的完好性，不能损坏零件，保证农业机械的正常运转。在质量不受影响的基础上，对机械零件的检验和鉴定时间进行最大限度的缩短，促使机械的使用率得到有效提高。

（2）技术规范原则。无论检验还是鉴定，都有一定的工作程序和技术规范，在实际的工作中，这些程序和规范必须严格执行，不能擅自更改和变换顺序。对那些能用、报废以及需要修理的零部件要进行科学区分。对不合格或者已经报废的零部件，必须按规范进行修理和更换，不能凑合使用，否则会埋下安全隐患。

（3）技术改进原则。我国的机械本身正在不断进步，新的机械也在不断出现，所以相关的检验和鉴定技术也是动态的、发展的。负责检验和鉴定的技术人员要时刻关注最新的相关技术和工艺，对旧有检验鉴定的方法加以改进，令检验鉴定工作在准确性与检验效率上得到最及时的提高，这样才能适应最新的机械发展和使用情况。

二、零件鉴定的内容

（1）检查零件的尺寸公差、形状公差和位置公差。零件因磨损变形而使尺寸公差、形状公差超限，如曲轴主轴颈磨损变形后，轻者会造成“瓦响”、机油压力下降等故障，严重者还会引起“烧瓦抱轴”，甚至会造成缸体报废。

（2）检验配合件间的配合关系。零件之间的配合有间隙配合、过渡配合、过盈配合。随着机械运动时间的延长，零件之间的配合关系将发生变化，以致超过规定的技术要求，所以在零件鉴定时要检查零件之间的配合关系。

（3）检查零件质量，要检查零件表面是否存在缺陷，如伤痕、烧蚀、麻点、凹坑、剥落、裂纹和破碎等，以及零件表面材料与基本金属的结合强度。零件产生这些缺陷会影响零件工作性能和使用寿命，如气门存在麻点、凹坑，会引起气门漏气，发动机压缩无力；齿轮表面疲劳剥落，会影响齿轮的啮合关系，工作时发出异常的响声。

（4）对一些精密零部件不好鉴定，可检查总成件的技术状态，如鉴定燃油系三大精密偶件的技术状态，可通过检查油泵总成的供油压力、供油量情况，及喷油器的喷油压力、燃油雾化质量和喷油角度等来确定。

三、零件的鉴定方法

（一）通过磨损量进行鉴定

在零件鉴定过程中，确定零件弃取或修理的依据是零件的允许磨损极限和磨损量及允许变形量和变形量的极限等有关数据，同时也应考虑实际条件。零件允许磨损极限是指零件磨损量没达到允许磨损极限值时，零件还可以继续使用一个修理间距，允许不修。

零件的工作表面失效主要是磨损，其结果使零件的尺寸、形状和位置发生变化，所以检查零件的磨损程度是确定零件是否可以继续使用的主要依据。对于配合件，主要检查配合关系的变化，即过盈量或间隙的大小。检查时，当测量值在允许不修值范围内时，零件不需要修理，可继续使用。当测量值超过允许不修值而未达到极限值时，需要修理或更换。当测量值达到极限值时，肯定要更换或修复。以上仅从测量数值来判断，但有时测量值在允许不修的范围内，其表面擦痕或烧伤较严重，或腐蚀严重，仍然需要修理、更换。对于修后零件的检验，主要根据数据中的有关标准值进行，确定修理质量是否合格。零件磨损、变形等极限值和允许不修值的确定通常采用以下方法进行。

1. 经验统计法

根据长期使用与修理农业机械所积累的经验和统计资料加以分析，找出其变化规律，确定出各种零件的磨损极限、允许磨损不修及允许变形不修的数值。目前，修理技术标准中有许多标准就是据此制定的。

2. 使用试验法

在正常使用条件下，不断地对机器进行观察和检查，并经过一定时间，将机器拆卸，测量零件的磨损量、变形量等，当零件磨损量达到极限时，会出现以下情况。

（1）磨损量急剧增加，出现冲击噪声，并导致零件表面温度升高。

（2）机器功率下降，燃油消耗率上升，工作能力丧失，工作质量下降。如喷油泵柱塞偶件磨损极限是根据喷油泵供油特性的变化来确定的。

（3）经济性是确定恶化极限的重要因素。如缸套与活塞的间隙变化直接影响发动机功率和机油消耗量。

3. 实验室试验法

在实验室条件下，模拟实际工况，将零件放到磨损试验机上进行试验。根据不同时间所测得的数值，制取零件磨损特性曲线，然后再根据此曲线分析零件的磨损极限与修理间距的关系，从而确定零件的允许磨损和磨损极限。零件的几何形状的极限值和允许不修值也可以采用上述类似的方法确定。

（二）对零件内部缺陷进行鉴定

1. 液压试验法

对要求较高的密封性零件进行液压或气压试验。来检查零件有无穿透性裂纹等。常用来检查气缸盖、气缸体铸件内的裂缝、气孔和水箱散热器的裂缝以及燃油泵柱塞的密封性等。试验用液体可用水或油，也可用空气，依要求而定。试验压力依零件工作条件定，如柴油机气缸盖冷却水腔试验压力为 0.7 兆帕，保持 5 分钟。

2. 颜色显露法

对于零件表面不易为肉眼所见的微观裂缝等缺陷，可将零件浸入或涂以着色的煤油等渗透性强的溶液中，凭借溶液的渗透力渗入裂缝，然后用清水将零件冲洗干净并揩干，以白色粉浆薄薄地涂于零件表面。干后有缝的地方由于毛细管作用会使着色液体呈现白粉层。如以小锤轻轻敲击振动，则能显露出零件的缺陷来。

3. 磁力探伤法

磁力探伤是比较常用的一种检测方法，可探测材料或零件表面和近表面的缺陷，对裂纹、夹层和未焊透的缺陷极为灵敏。磁力探伤法是将铁磁性粉末施加在磁化了的被探伤件上，磁粉受漏磁场的吸引而显示出缺陷的位置和形状。磁场与缺陷方向垂直时，漏磁场最强，缺陷显示最清晰。因此，常常要对被探伤件进行周向和纵向两次磁化或复合磁化，以发现各个方向的缺陷。对重要的零件要进行探伤检验。如连杆螺栓、活塞销和曲轴等。

第二节　农业机械零件修理

一、调整换位法

将已磨损的零件调换一个方位，利用零件未磨损或磨损较轻的部位继续工作。

二、修理尺寸法

将损坏的零件进行整修，使其几何形状尺寸发生改变，同时配以相应改变了的配件，以达到所规定的配合技术参数。如东方红-75（54）拖拉机的气缸磨损后，可以按修理尺寸镗磨直径加大0.25毫米、0.5毫米、0.75毫米、1.0毫米或1.25毫米，同时配用相应加大尺寸的活塞和活塞环等。

三、附加零件法

用一个特别的零件装配到零件磨损的部位上，以补偿零件的磨损，恢复它原有的配合关系。

四、更换零件与局部更换法

当零件损坏到不能修复或修复成本太高时，应用新的零件更换；如果零件的某个部位局部损坏严重，可将损坏部分去掉，重新制作一个新的部分，用焊接或其他方法使新换上部分与原有零件的基体部分连接成一整体，从而恢复零件的工作能力。

第三节　农业机械维修拆卸技术要点

对农业机械（柴油机）进行修理和排除故障时，拆卸是否正确，不仅会影响柴油机的修理质量，而且还会增加开支成本，缩短使用寿命。因此，在拆卸柴油机时，应注意以下几点。一是先弄清柴油机的构造。柴油机型号很多，虽然大同小异，但各种型号各有特点。因此，在拆卸前，要弄清所拆柴油机的构造及特点，避免拆坏柴油机。二是清洗干净。对要拆的柴油机，应对外部进行清洗，把柴油机上的油污、灰尘、泥污等彻底全面清洗干净。三是按顺序拆卸。拆卸的一般原则是：由表及里，由附件到主机，并由整机拆成总成，由总成拆成部件，最后再分解成零件。对容易损坏的零件尽量先拆下。四是使用合适的拆卸专用工具。拆卸紧配合件时，应用拆卸专用工具，如拉拔器或压力机等，不要直接敲打零件工作面和结合面。拆卸螺纹连接件，要选择合适的固定套筒，梅花板手，少用或不用活动扳手。五是能不拆的尽量不拆。在拆卸前，要尽量检查判断准确，最大限度地做到少拆或不拆。因为不需拆卸的部位拆卸了，实质上就是“破坏”了一次，增加了一次不必要的磨损，所以，不拆或少拆，不但可减少工作量，而且还能延长零件的使用寿命。六是分类存放零部件。对拆卸的零件，要仔细的清洗干净。为了提高装配效率，保证装配质量，拆卸时应注意核对零部件的记号，如没有记号，应打上记号。并按零件大小或精密度高低分类存放。同一总成或同一部件的零件，应集中放在一起；不能互换的零件，要成组存放，如喷油器的针阀与针阀体，柱塞与柱塞套，出油阀与出油阀座等；容易变形，不耐压的零件如各种纸垫，气缸垫等，应挂在墙上；容易丢失的小零件要放在同一容器内拆。

第七章　农业机械化新技术

随着科学技术的飞速发展，在农业方面出现了很多新型机械新技术，我国作为农业大国，在农业生产中应用机械新技术在很大程度上促进了现代农业的发展，农业机械化对提高农业生产有着重要作用，农业机械作为农业生产的重要推动力，为了实现我国农业进入现代化，相关部门一定要加强对农业机械新技术创新应用的重视，鉴于此，本文针对我国农业发展的具体情况，对农业机械新技术的应用与发展进行分析和探讨，并提出如何发展我国农业机械化，促进我国农业现代化的发展。

第一节　农业机械化发展的意义

一、提高农业生产效率

农业机械化对农业生产效率的提高有着非常重要的作用，而且农业机械化在很大程度上减少了城乡之间发展的差距，有效的推动了城乡发展一体化。现阶段，在我国部分地区，农业机械设备并没有达到很高的科技水平，所在农业生产过程中并没有实现效益最大化。比如在我国北方地区，大多地区收割玉米时都使用人力收割，工作效率特别缓慢，既费时又费力，如果在收割玉米时运用农业机械新技术，可以加快农业生产的工作效率，由此可以看出农业机械化的重要性。

二、解放农村劳动力

我国作为农业大国，从古至今，我国农业生产都是通过人力和牲畜来完成，随着现代农业的发展，农业机械化随之出现，在农业生产中利用机械新技术，可以节省大量劳动力，给需要劳动力的领域提供了大量劳动力，因此，农业机械化在解放农村劳动力的同时给社会其他领域作出了贡献。

第二节　目前农业机械新技术的应用

一、人工智能技术

人工智能技术作为21世纪新时代的产物，被应用到了各行各业，在日常生活中人工智能技术比较普遍，常见有电脑、手机、电视和洗衣机等，随着现代农业的发展，在农业生产中也开始出现了人工智能技术，越来越多的智能电子技术被应用到农业机械设备上。在世界发达国家中，大部分农业生产已经进入机械化，并且对人工智能技术进行了充分利用。比如西方发达国家研究出了利用激光技术运行的拖拉机，在拖拉机中应用激光技术，不仅可以对拖拉机的运行方向进行控制，还能准确地测出拖拉机的位置，既方便了生产，又提高了工作效率。人工智能技术拥有着比较先进的科学技术，操作比较方便，并且有着非常强的精确性，防止机械在农业生产过程中出现偏移等情况，对减少生产成本起着非常大的作用。

二、机器人技术

世界各地的专家一直在对机器人技术进行创新，并且机器人技术已经被应用到很多企业的生产线上，例如，在汽车生产厂家中，利用机器人手臂代替人力手臂进行车身安装，不仅节约了大量劳动力，而且机器人技术的工作效率远远高于人力效率。虽然我国农业生产方面的机器人技术还不是很完善，不过机器人技术应用到农业生产中，会大大提高生产效率。

三、自动控制技术

在农业生产中，比较普遍的就是自动控制技术的应用，机械设备使用自动控制技术在很大程度上加速了农业生产。自动控制技术在农业生产的过程中，可以针对生产的实际情况进行自动调节，此技术操作比较简单，实现解放劳动力。打个比方来说，在大棚中种植水果蔬菜时，由于水果蔬菜对于空气的湿度以及温度有着非常高的要求，运用自动化控制技术就可以实现自动调节，给植物提供舒适的生长环境。

第三节　如何发展我国的农业机械化

一、加大机械新技术推广力度

作为我国农业生产实现机械化的重要推动力，在农业生产中使用新技术就显得非常重要了，但是我国部分地区由于各种原因，一直在沿袭畜力牵引、人工操作的生产方式，并没有进行农业现代化，机械化也没有普及，仍然处于传统农业形式，这些因素导致我国农业生产机械化很难实现，由此看出，必须要利用加快机械化推广力度等手段来实现我国农业生产机械化。

二、政府要加大扶持力度

我国经济迅速发展，造成了我国城乡之间的差距越来越大，但是为了改变这种现状，只能通过对农业生产的发展来缩短城乡差距。机械新技术的科技水平虽然比较高，也正是因为这个导致新型机械设备的价钱比较高，大部分农民通常不能够承担这些费用，所以这就需要政府出台相关的惠民政策，加大扶持力度，促进农业机械化的实现。

三、在生产过程中，要节约资源

由于机械化对农业生产有着非常重要的作用，是提高农业生产效率的关键。但是在生产过程中，材料的使用情况影响着生产效益，如果使用机械设备进行生产时，却造成生产原材料大量浪费，即使是提高了工作效率，却降低了生产效益，因此，在进行农业生产工作时，一定要节约材料，避免浪费。

在古代，我国一直是以小农经济为主，直到20世纪四五十年代，我国才逐渐由农业向工业转变，但是随着工业的发展，却加大了城乡之间的差距，造成了我国经济出现不平衡的状况，因此想要缩小我国的城乡发展差距，最为关键还是要提高我国农业的生产效益，而其中最为有效的方式就是要提高我国农业的机械化水平。而机械化水平的提高又和不断的利用新的农业技术有关，因此政府一定要加强对农业新技术的推广。

主要参考文献

额尔德木图，王育海. 2014. 新型农机驾驶员培训教程［M］. 南昌：江西科学技术出版社.

李敬菊，李鲁涛. 2014. 农业机械维修员［M］. 北京：中国农业出版社.

智刚毅. 2016. 农机维修人员技术指南［M］. 北京：中国农业大学出版社.